华章科技
HZBOOKS | Science & Technology

大数

技术丛书

Apache Kylin
权威指南

Apache Kylin核心团队◎著

Apache Kylin

机械工业出版社
China Machine Press

图书在版编目（CIP）数据

Apache Kylin 权威指南 /Apache Kylin 核心团队著 . —北京：机械工业出版社，2017.1
（大数据技术丛书）

ISBN 978-7-111-55701-2

I. A… II. A… III. 互联网络 – 网络服务器 IV. TP368.5

中国版本图书馆 CIP 数据核字（2016）第 305395 号

　　Apache and Apache Kylin are either registered trademarks or trademarks of The Apache Software
Foundation in the US and/or other countries. No endorsement by The Apache Software Foundation is
implied by the use of these marks.

Apache Kylin 权威指南

出版发行：机械工业出版社（北京市西城区百万庄大街 22 号　邮政编码：100037）
责任编辑：张梦玲　　　　　　　　　　　　责任校对：董纪丽
印　　刷：北京诚信伟业印刷有限公司　　版　　次：2017 年 1 月第 1 版第 1 次印刷
开　　本：186mm×240mm　1/16　　　　印　　张：12.75
书　　号：ISBN 978-7-111-55701-2　　　定　　价：49.00 元

凡购本书，如有缺页、倒页、脱页，由本社发行部调换
客服热线：（010）88379426　88361066　　　投稿热线：（010）88379604
购书热线：（010）68326294　88379649　68995259　　读者信箱：hzit@hzbook.com

 2016 年早些时候，我曾经写过一篇有关联通 Hadoop 的文章，在其中的"展望篇"里谈到过 OLAP on Hadoop 的新技术 Apache Kylin。今天《Apache Kylin 权威指南》一书即将出版，我也有幸受本书作者之一韩卿（Luke）的邀请来写推荐序。

 联通集团的 BI 是 2010 年建设的，由于全国有 4 亿用户的明细数据需要集中处理，再加上对移动互联网用户流量日志的采集，使得数据量急增。截至 2013 年已达 PB 级规模，并仍以指数级速度增长，传统数据仓库不堪重负，数据的存储和批量处理成了瓶颈。另一方面 BI 上提供的面向用户的数据查询和多维分析服务，使得后台生产的 Cube 越来越多，几年下来已有七八千个。用户需求对某一维度的改变往往会造成一个新 Cube 的产生，耗费资源不说，也为管理带来了极大的不便。2013 年年底我们在传统数据仓库之外搭建了第一个 Hadoop 平台，节点数也从最初的几十个发展到了今天的 3500 个，大大提高了系统的存储及计算能力，为联通大数据对内对外的发展都起到了至关重要的作用。美中不足的是分布式存储和并行计算只解决了系统的性能问题，尽管我们也部署了像 Hive、Impala 这样的 SQL on Hadoop 技术，但在 Hadoop 体系上的多维联机分析（OLAP）却始终得不到满意的结果。Oracle + Hadoop 的混搭架构还因为有对 OLAP 的需求而继续维持着，零散的 Cube 数还在继续增长，架构师们还在继续寻找奇迹方案的出现。

 Apache Kylin 就是在这种大背景下出现在我们的视野中的。一个好的产品首先要有一个清晰的定位，要有一套能够明确解决行业痛点的方案。Kylin 在这点上做得非常好，它把自己定义为 Hadoop 大数据平台上的一个开源 OLAP 引擎。三个关键词：Hadoop、开源、OLAP，使它的定位一目了然，不用过多地解释。同时，Kylin 也是透明的，不像许多产品把自己使用的技术搞得很神秘，Kylin 沿用了原来数据仓库技术中的 Cube 概念，把无限数据按有限的维度进行"预处理"，然后将结果（Cube）加载到 HBase 里，供用户查询使用，使得现有的分析师和业务人员能够快速理解和掌握。相比于 IOE 时代的 BI，它非常巧妙地使用了 Hadoop 的分布式存储与并行计算能力，用横向可扩展的硬件资源来换取计算性能的极大提高。

为了能够将 Kylin 真正融入到联通的大数据架构中，我们正在紧锣密鼓地组织系统测试。比如对单用户级的数据查询、第三方可视化工具的集成、多维 Cube 建立的维度数极限等的测试。我们还计划用 Kafka 来导入数据，用 Spark 来加工 Cube，用其他产品来代替 HBase 进而提高数据读取性能，用 Kylin 的路由选择来桥接新老 Cube，等等。这时出版的《Apache Kylin 权威指南》一书，对于我们来说无疑是雪中之炭，我们的许多疑惑都会在这本指南当中找到权威解答。

联通公司现在经历的这些过程很多企业都会遇到，"坑"我们愿意去填，路希望大家来走。在向读者推荐《Apache Kylin 权威指南》一书的同时，我们真诚期望 Kylin（作为 Apache 开源社区第一个由中国人开发并主导的产品）能够成功，能够在不断的实践中提高自己，能够充分利用中国这个占世界数据量 20% 的大市场，把自己打造成大数据领域的一只独角兽。

范济安

国家千人计划专家

中国联通集团信息化部 CTO

　　我是一个开源软件的爱好者，算是开源届的一名老兵。从 1995 年到美国留学起，就开始接触开源软件，当时的 GNU、Linux、FreeBSD 和 Emacs 等自由软件让刚出国门的我感到惊艳万分。从那时开始，我就再没有和自由软件、开源软件分开过：从读博士期间一直参与研发自由软件 XSB、因个人爱好参与贡献 GNU Emacs、在 IBM 工作期间基于一系列开源软件为团队开发 DocBook 文档写作工具链，到后来在 LinkedIn 工作期间研究作为 5 个核心成员开源的分布式实时搜索系统 SenseiDB，再到近几年在小米大力推动开源战略，打造基于开源软件的小米云计算、大数据和机器学习技术及团队。20 多年来，对开源软件的热爱，让我逐渐从一名早期的自由软件爱好者、信仰者、贡献者和管理者，变成了一名坚定的开源软件倡导者。在这期间，我见证了开源技术的萌芽、兴起和今天的繁荣，也经历了国内外不同文化下的开源发展历程。

　　作为一名参与开源软件较早的中国人，我也深深地感受到了最初西方世界对中国人使用开源技术、参与开源软件开发的质疑和冷落。因为互联网和自由软件进入我国较晚，也因为中国人在英语上的不足和东西方文化的差异，还因为早期国内的一些开源爱好者对开源软件的理解不足，使得在开源方面较为领先的西方开源人士对国人在开源上的使用和贡献存在极大偏见。中国开源力量融入国际开源社区的过程是缓慢和艰苦的，幸运的是，近四五年来，随着 GitHub 的兴起和多个开源社区的迅猛发展，中国每年产生的计算机人才也多了起来，中国越来越多的互联网公司开始正确地拥抱开源，中国工程师在国际开源社区的贡献和影响力也越来越大（比如，作为一个很年轻的创业公司，小米就在不到一年半的时间里推出了 3 个 HBase committer），这确实不是一件容易的事。但是，今天不管是在云计算、大数据，还是容器等诸多开源技术领域，真正由中国人自己主导、从零开始、自主研发、最后贡献到国际开源社区并成为顶级开源项目的，应该就只有 Apache Kylin 一个。Apache Kylin 是 2013 年由 eBay 在上海的一个中国工程师团队发起的、基于 Hadoop 大数据平台的开源 OLAP 引擎，它利用空间换时间的方法，把很多分钟级别乃至小时级别的大数据查询速度一下子提升到了亚秒级别，极大地提高了数据分析的效率，填补了业界在这方面的空白。

我非常高兴能够看到一个来自国内的团队开源一个项目，并在短短不到一年的时间里顺利使其毕业，也使其成为 Apache 软件基金会的顶级项目，取得了可以和 Hadoop、Spark 等重大开源软件相提并论的成就。一支来自国内的工程师团队能够快速融入国际开源社区，被全球最大的开源软件基金会接纳并成功占领一席之地，这是一件非常不容易的事情，足以让国人欣慰和骄傲。这一切都和 Apache Kylin 项目背后的负责人韩卿（Luke）密不可分。我是在 QCon 北京 2014 全球软件开发大会上认识韩卿的，并由此第一次知道了 Kylin 这个项目，和韩卿开始交谈不久，我就觉得他是当时国内为数不多的、真正懂得开源软件打法的一个人。那次的交谈非常愉快，从此我也开始关注这个项目并极度看好它。

开源项目，并不是将代码公开就完事了，团队需要做更多艰苦的工作来不断推广技术、经营社区和营销品牌，使得项目能够被广泛接纳和使用。韩卿及 Kylin 团队在这方面做得非常出色，在各种国内外的技术大会上、很多开源社区里都可以看到他们忙碌的身影。在短短的两年时间里，我就看到 Kylin 项目从 Apache 孵化器项目毕业成为顶级项目，也看到这个团队离开 eBay 并创立了 Kyligence 这家创业公司。今天，很多成功的重大开源项目背后都有一两个伟大的创业公司：Hadoop 背后是 Cloudera 和 Hortonworks、Spark 后面是 Databricks，等等。我也看好 Apache Kylin 后面的 Kyligence！

小米不仅仅是一家手机公司，更是一个大数据公司，公司内部的很多产品和业务都深度依赖大数据分析，我们所面对的数据量、挑战和困难都是空前的。Apache Kylin 独特的数据查询性能优势在小米中有很多应用场景，我希望将来我们能够更多地用到 Apache Kylin 技术，也希望和 Kyligence 能有深度的技术合作。

今年，深度学习和大数据引发了人工智能的热潮，人工智能的热潮反过来也会推动大数据领域相关技术的发展和演进，大数据领域必将诞生更多的新技术和新产品。相信在不久的未来，会有更多的、类似于 Apache Kylin 的、由中国人主导的项目从实际需求中产生、开源并被贡献到国际开源社区，向世界输出我们的技术实力。在将本书推荐给读者的同时，我也希望更多的读者、团队和公司能一起参与、贡献和拥抱开源，努力提高我国技术人员在国际开源社区的影响力。Apache Kylin 项目相关的经验也非常值得其他技术人员学习和借鉴！

崔宝秋

小米首席架构师

小米云平台负责人

在大数据处理技术领域，用户最普遍的诉求就是希望以很简易的方式从大数据平台上快速获取查询结果，同时也希望传统的商务智能工具能够直接和大数据平台连接起来，以便使用这些工具做数据分析。目前已经出现了很多优秀的 SQL on Hadoop 引擎，包括 Hive、Impala 及 SparkSQL 等，这些技术的出现和应用极大地降低了用户使用 Hadoop 平台的难度。为了进一步满足"在高并发、大数据量的情况下，使用标准 SQL 查询聚合结果集能够达到毫秒级"这一应用场景，Apache Kylin 应运而生，在 eBay 孵化并最终贡献给开源社区。Apache Kylin 是一种分布式分析引擎，提供 Hadoop 之上的标准 SQL 查询接口及多维分析（OLAP）功能。

Apache Kylin 通过空间换时间的方式，实现在亚秒级别延迟的情况下，对 Hadoop 上的大规模数据集进行交互式查询；Kylin 通过预计算，把计算结果集保存在 HBase 中，原有的基于行的关系模型被转换成基于键值对的列式存储；通过维度组合作为 HBase 的 Rowkey，在查询访问时不再需要昂贵的表扫描，这为高速高并发分析带来了可能；Kylin 提供了标准 SQL 查询接口，支持大多数的 SQL 函数，同时也支持 ODBC/JDBC 的方式和主流的 BI 产品无缝集成。

同时，Apache Kylin 是目前国内少有的几个通过了 Cloudera 公司产品工程认证的大数据分析和查询引擎。Cloudera 公司相信，作为唯一一个来自中国的 Apache 顶级开源项目，Apache Kylin 不仅仅代表了中国对国际开源社区的参与，同时也将为我国及全球企业用户探索大数据的价值的进程做出卓越的贡献。

在过去的一年中，我们有机会与 Kyligence 公司合作，共同为国内的企业客户提供基于 Cloudera Hadoop 平台上的大数据应用。本书的出版为开发人员和数据分析人员利用这一技术提供了极大的便利。更重要的是，这本书不仅能够指导开发人员安装和使用 Apache Kylin，而且还深入探讨了 Apache Kylin 的核心技术架构，并且通过丰富的案例展示了如何通过优化来提升大数据的应用性能。本书的作者之一韩卿先生是 Apache Kylin 的主要创建者和项目委员会主席（PMC chair），对于 Kylin 的技术架构、应用及未来发展都有深刻的理解。我相信本书对于 Kylin 使用者和开发者来说，是及时的且不可或缺的。

凌琦

Cloudera 全球副总裁兼大中华区总经理

　　大数据在近几年已经成为一个火爆的名词，而企业针对数据的分析也从未停止过。从早些年传统企业的数据仓库、BI，到近些年互联网公司的广告推荐、产品分析，再到现在基于IoT硬件的线下用户行为画像，无论是互联网企业还是传统企业，一直都在尝试通过数据帮助企业或企业的用户提升工作效率和体验。从过去的决策支持，到现在普及的精准推荐，乃至未来的基于实时分析的AI交互，大数据及相关技术将一直是这些业务发展的基石，因而在最近的10年，大数据技术有了日新月异的发展。

　　从海量数据的批量计算到实时分析，从精准推荐到OLAP查询，业界涌现了大量优秀的开源项目。Apache Kylin就是其中一颗由国人研发的璀璨的明星，是国内第一个Apache顶级开源项目（与Kafka、Spark齐名），它解决了海量数据下OLAP查询的关键技术。大数据本身并不能产生价值，针对数据的分析和运用才可以产生价值，而OLAP是企业对数据做深度分析必用的组件。在过去，它能帮助企业从不同维度汇总、下钻看到企业不同部门、地区的差异及发展趋势；现在，它能帮助企业针对不同用户画像的人群做相关行为分析、排行，也可以针对不同的点击事件深入分析不同渠道的转化率、客单价。OLAP技术曾经在百亿数据集、PB级别规模的时候，遇到了很大的瓶颈，无论是并行计算还是近似计算，都对I/O、CPU和查询时长带来了挑战。Kylin运用它独有的技术，在数据存储不产生指数级增长的情况下，采用预计算技术以空间换回了时间，在百亿甚至万亿级别数据集上实现了毫秒级的查询响应速度。同时也利用了模糊计算等技术在允许一定误差的情况下，对10亿级别用户、几千种用户行为标签的数据实现了用户行为的即时查询，帮助企业极大地降低了大数据OLAP实施的门槛，也降低了大数据平台实施的TCO，是企业建设大数据平台的优质OLAP引擎。本书可以帮助企业的技术管理者、开发者详细了解Kylin并将应用部署到自己的企业当中，规避其中的实施风险、提高部署与处理效率。

　　数据是一种新的能源，它与石油、电力不同，产生于企业和用户的行为，能通过不断地深入使用和反复分析利用来帮助企业增收、节支、提效、避险，其中各个环节都要有适用的工具，Apache Kylin 就是其中之一。大数据从过去的批量数据处理发展到现在的实时数据分析，我非常高兴地看到 Kylin 也支持了相关特性，让数据不止是用于实时计算，还可以帮助管理者看到实时的联机分析处理结果。当然，数据的实时 OLAP 只是实时分析中的一种，要结合数据实时采集、数据实时计算、数据流挖掘、实时场景引擎等技术，才可以让企业从 T+1 的分析发展到实时数据分析，进而实现实时决策与反馈，最终实现企业自身的智能分析与交互。数据的实时分析是每个企业实现 AI 的必经之路，而数据实时分析的应用又离不开 Kylin 这样的 OLAP 引擎。

最后，很荣幸可以为本书写推荐序，本书作者之一韩卿（Luke）也是我多年的好友，从他在 eBay 之时我们就有很多交流，我也有幸看着 Apache Kylin 项目逐步成为国际著名的开源项目。大数据的发展不是一个项目或一个企业就可以独立推动的，也希望更多的人才和企业加入大数据分析的行业中来，使得我国能够涌现出更多像 Apache Kylin 一样的优秀项目，让数据成为每一个企业的再生能源！

郭炜

易观 CTO

"麒麟出没，必有祥瑞。"

——中国古谚语

"于我而言，与 Apache Kylin 团队一起合作使 Kylin 通过孵化成为顶级项目是非常激动人心的，诚然，Kylin 在技术方面非常振奋人心，但同样令人兴奋的是 Kylin 代表了亚洲国家，特别是中国，在开源社区中越来越高的参与度。"

——Ted Dunning Apache 孵化项目副总裁，MapR 首席应用架构师

今天，随着移动互联网、物联网、AI 等技术的快速兴起，数据成为了所有这些技术背后最重要，也是最有价值的"资产"。如何从数据中获得有价值的信息？这个问题驱动了相关技术的发展，从最初的基于文件的检索、分析程序，到数据仓库理念的诞生，再到基于数据库的商业智能分析。而现在，这一问题已经变成了如何从海量的超大规模数据中快速获取有价值的信息，新的时代、新的挑战、新的技术必然应运而生。

在数据分析领域，大部分的技术都诞生在国外，特别是美国，从最初的数据库，到以 Hadoop 为首的大数据技术，再到今天各种 DL（Deep Learning）、AI，等等。但我国拥有着世界上独一无二的"大"数据，最多的人口、最多的移动设备、最活跃的应用市场、最复杂的网络环境等，应对这些挑战，我们需要有自己的核心技术，特别是在基础领域的突破和研发方面。今天，以 Apache Kylin 为首的各种来自中国的先进技术不断涌现，甚至在很多方面都大大超越了国外的其他技术，这一点也彰显了中国的技术实力。

自 Hadoop 选取大象伊始，上百个项目，以动物居之者为多，而其中唯有 Apache Kylin（麒麟）来自中国，在众多项目中分外突出。在全球最大的开源基金会——Apache 软件基金会（Apache Software Foundation，ASF）的 160 多个顶级项目中，Apache Kylin 是唯一一个来自中国的顶级开源项目，与 Apache Hadoop、Apache Spark、Apache Kafka、Apache Tomcat、

Apache Struts、Apache Maven 等顶级项目一起以 The Apache Way 构建了开源大数据领域的国际社区，并拓展了生态系统。

大数据与传统技术最大的区别就在于数据的体量对查询带来的巨大挑战。从最早使用大数据技术来做批量处理，到现在越来越多地需要大数据平台也能够如传统数据仓库技术一样支持交互式分析。随着数据量的不断膨胀，数据平民化的不断推进，低延迟、高并发地在 Hadoop 之上提供标准 SQL 查询的能力成为必须要攻破的技术难题。而 Apache Kylin 的诞生正是基于这个背景，并成功地完成了很多人认为不可能实现的突破。Apache Kylin 最初诞生于 eBay 中国研发中心（坐落于上海浦东新区的德国中心），在 2013 年 9 月底，eBay 中国研发中心的技术人员开始对此进行 POC 并组建团队，经过一年的艰苦开发和测试，于 2014 年 9 月 30 日使其正式上线，并在第二天（2014 年 10 月 1 日）正式开源。

在这个过程中，使用何种技术，如何进行架构，如何突破那些看似无法完成的挑战，整个开发团队和用户一起经历了一段艰难的历程。今天呈现出的 Apache Kylin 已经经历了上千亿乃至上万亿规模数据量的分析请求，以及上百家公司的实际生产环境的检验，成为各个公司大数据分析平台不可替代的重要部分。本书将从 Apache Kylin 的架构和设计、各个模块的使用、与第三方的整合、二次开发及开源实践等方面进行讲解，为各位读者呈现最核心的设计理念和哲学、算法和技术等。

Apache Kylin 社区的发展不易，自 2014 年 10 月开源到今天已有两年，从最初的几个人发展到今天的几十个贡献者，国内外上百家公司在正式使用，连续两年获得 InfoWorld Bossie Awards 最佳开源大数据工具奖。来自核心团队、贡献者、用户、导师、基金会等的帮助和无私的奉献铸就了这个活跃的社区，也使得 Apache Kylin 得以在越来越多的场景下发挥作用。现在，由 Apache Kylin 核心团队撰写了本书，相信能更好地将相关的理论、设计、技术、架构等展现给各位朋友，希望能够让更多的朋友更加充分地理解 Kylin 的优点和使用的场景，更多地挖掘出 Kylin 的潜力。同时也希望本书能够鼓励并吸引更多的人参与 Kylin 项目和开源项目，影响更多人贡献更多的项目和技术到开源世界来。

韩卿

Apache Kylin 联合创建者及项目委员会主席

2016 年 10 月

Contents 目　　录

第 1 章 *Chapter 1*

Apache Kylin 概述

Apache Kylin 是 Hadoop 大数据平台上的一个开源 OLAP 引擎。它采用多维立方体预计算技术，可以将大数据的 SQL 查询速度提升到亚秒级别。相对于之前的分钟乃至小时级别的查询速度，亚秒级别速度是百倍到千倍的提升，该引擎为超大规模数据集上的交互式大数据分析打开了大门。

Apache Kylin 也是中国人主导的、唯一的 Apache 顶级开源项目，在开源社区有世界级的影响力。

本章将对 Apache Kylin 的历史和背景做一个完整的介绍，并从技术的角度对 Kylin 做一个概览性的介绍。

本书内容以 Apache Kylin v1.5 为基础。

1.1　背景和历史

今天，大数据领域的发展如火如荼，各种新技术层出不穷，整个生态欣欣向荣。作为大数据领域最重要的技术——Apache Hadoop，从诞生至今已有 10 周年。它最初只是致力于简单的分布式存储，然后在其之上实现大规模并行计算，到如今它已在实时分析、多维分析、交互式分析、机器学习甚至人工智能等方面都有着长足的发展。

2013 年年初，eBay 内部使用的传统数据仓库及商业智能平台应用碰到了瓶颈，即传统的架构只支持垂直扩展，通过在一台机器上增加 CPU 和内存等资源来提升数据处理能力，相对于数据指数级的增长，单机扩展很快就达到了极限。另一方面，Hadoop 大数据平台虽然能存储和批量处理大规模数据，但与 BI 平台的连接技术依然不成熟，无法提供高效的交互式查询。于是寻找更好的方案便成为了当务之急。正好在 2013 年年中的时候 eBay 公司启动了一个大数据项目，其中的一块内容就是 BI on Hadoop 的预研。当时 eBay 中国卓越中心组建了一支很小的团队，他们在分析和测试了多种开源和商业解决方案之后，发现没有一种方案能够完全满足当时的需求，即在超大规模数据集上提供秒级的查询性能，并能基于 Hadoop 与 BI 平台无缝整合等。在研究了多种可能性之后，最终 eBay 的 Apache Kylin 核心团队决定自己实现一套 OLAP on Hadoop 的解决方案，以弥补业界的这个空白。与此同时，eBay 公司也非常鼓励开源各个项目，回馈社区，eBay 的 Apache Kylin 核心团队在向负责整个技术平台的高级副总裁做汇报的时候，得到的一个反馈就是"要从第一天就做好开源的准备"。

经过一年多的研发，在 2014 年的 9 月底，Kylin 平台在 eBay 内部正式上线。它一上线便吸引了多个种子客户。Kylin 在 Hadoop 上提供了标准的、友好的 SQL 接口，外加查询速度非常迅速，原本要用几分钟的查询现在几秒钟就能返回结果，BI 分析的工作效率得到了几百倍的提升，因此 Kylin 获得了公司内部客户、合作伙伴及管理层的高度评价。2014 年 10 月 1 日，项目负责人韩卿将 Kylin 的源代码提交到 github.com 并正式开源，当天就获得了业界专家的关注和认可，如图 1-1 所示的是 Hortonworks 的 CTO 在 Twitter 上对此给出的评价。

图 1-1　Hortonworks CTO 在 Twitter 上对 Apache Kylin 的评论

很快，Hadoop 社区的许多朋友都鼓励 eBay 的 Apack Kylin 核心团队将该项目贡献到 Apache 软件基金会（ASF），让它能够与其他大数据项目一起获得更好的发展，在经过一个月的紧张筹备和撰写了无数个版本的项目建议书之后，Kylin 项目于 2014 年 11 月正式加入 Apache 孵化器项目，并有多位资深的社区活跃成员作我们的导师。

在项目组再次付出无数努力之后，2015 年的 11 月，Apache 软件基金会宣布 Apache Kylin 正式成为顶级项目。这是第一个也是唯一一个完全由我国团队贡献到全球最大的开源软件基金会的顶级项目。项目负责人韩卿成为 Apache Kylin 的项目管理委员会（PMC）主席，也是 Apache 软件基金会 160 多个顶级项目中的唯一一个中国人，Apache Kyln 创造了历史。正如 Kylin 的导师——Apache 孵化器副总裁 Ted Dunning 在 ASF 官方新闻稿中的评价："…Apache Kylin 代表了亚洲国家，特别是中国，在开源社区中越来越高的参与度…"。

2016 年 3 月，由 Apache Kylin 核心开发者组建的创业公司 Kyligence 正式成立。就如每一个成功的开源项目背后都有一家创业公司一样（Hadoop 领域有 Cloudera、Hortoworks 等；Spark 领域有 Databricks；Kafka 领域有 Confluent），Kylin 也可以通过 Kyligence 的进一步投入保持高速研发，并且 Kylin 的社区和生态圈也会得到不断的发展和壮大，可以预见这个开源项目将会越来越好。

在业界最负盛名的技术类独立评选中，InfoWorld 的 Bossie Award 每年都会独立挑选和评论相关的技术、应用和产品等。2015 年 9 月，Apache Kylin 获得了 2015 年度的 "最佳开源大数据工具奖"，2016 年 9 月，Apache Kylin 再次蝉联此国际大奖，与 Google TensorFlow 齐名。这是业界对 Apache Kylin 的充分认可和褒奖。

1.2　Apache Kylin 的使命

Kylin 的使命是超高速的大数据 OLAP（Online Analytical Processing），也就是要让大数据分析像使用数据库一样简单迅速，用户的查询请求可以在秒内返回，交互式数据分析将以前所未有的速度释放大数据里潜藏的知识和信息，让我们在面对未来的挑战时占得先机。

1.2.1　为什么要使用 Apache Kylin

自从 10 年前 Hadoop 诞生以来，大数据的存储和批处理问题均得到了妥善解决，而如何高速地分析数据也就成为了下一个挑战。于是各式各样的 "SQL on Hadoop" 技术应运而生，其中以 Hive 为代表，Impala、Presto、Phoenix、Drill、SparkSQL 等紧随其后。它们的主要技术是 "大规模并行处理"（Massive Parallel Processing，MPP）和 "列式存储"（Columnar Storage）。大规模并行处理可以调动多台机器一起进行并行计算，用线性增加的资源来换取计算时间的线性下降。列式存储则将记录按列存放，这样做不仅可以在访问时只读取需要的列，还可以利用存储设备擅长连续读取的特点，大大提高读取的速率。这两项关键技术使得 Hadoop 上的 SQL 查询速度从小时提高到了分钟。

然而分钟级别的查询响应仍然离交互式分析的现实需求还很远。分析师敲入查询指令，按下回车，还需要去倒杯咖啡，静静地等待查询结果。得到结果之后才能根据情况调整查询，再做下一轮分析。如此反复，一个具体的场景分析常常需要几小时甚至几天才能完成，效率低下。

这是因为大规模并行处理和列式存储虽然提高了计算和存储的速度，但并没有改变查询问题本身的时间复杂度，也没有改变查询时间与数据量成线性增长的关系这一事实。假设查询 1 亿条记录耗时 1 分钟，那么查询 10 亿条记录就需 10 分钟，100 亿条记录就至少需要 1 小时 40 分钟。当然，可以用很多的优化技术缩短查询的时间，比如更快的存储、更高效的压缩算法，等等，但总体来说，查询性能与数据量呈线性相关这一点是无法改变的。虽然大规模并行处理允许十倍或百倍地扩张计算集群，以期望保持分钟级别的查询速度，但购买和部署十倍或百倍的计算集群又怎能轻易做到，更何况还有高昂的硬件运维成本。

另外，对于分析师来说，完备的、经过验证的数据模型比分析性能更加重要，直接访问纷繁复杂的原始数据并进行相关分析其实并不是很友好的体验，特别是在超大规模的数据集上，分析师将更多的精力花在了等待查询结果上，而不是在更加重要的建立领域模型上。

1.2.2 Apache Kylin 怎样解决关键问题

Apache Kylin 的初衷就是要解决千亿条、万亿条记录的秒级查询问题，其中的关键就是要打破查询时间随着数据量成线性增长的这个规律。仔细思考大数据 OLAP，可以注意到两个事实。

- ❑ 大数据查询要的一般是统计结果，是多条记录经过聚合函数计算后的统计值。原始的记录则不是必需的，或者访问频率和概率都极低。
- ❑ 聚合是按维度进行的，由于业务范围和分析需求是有限的，有意义的维度聚合组合也是相对有限的，一般不会随着数据的膨胀而增长。

基于以上两点，我们可以得到一个新的思路——"预计算"。应尽量多地预先计算聚合结果，在查询时刻应尽量使用预算的结果得出查询结果，从而避免直接扫描可能无限增长的原始记录。

举例来说，使用如下的 SQL 来查询 10 月 1 日那天销量最高的商品：

```
select item, sum(sell_amount)
from sell_details
where sell_date='2016-10-01'
group by item
order by sum(sell_amount) desc
```

用传统的方法时需要扫描所有的记录，再找到 10 月 1 日的销售记录，然后按商品聚合销售额，最后排序返回。假如 10 月 1 日有 1 亿条交易，那么查询必须读取并累计至少 1 亿条记录，且这个查询速度会随将来销量的增加而逐步下降。如果日交易量提高一倍到 2 亿，那么查询执行的时间可能也会增加一倍。

而使用预计算的方法则会事先按维度 [sell_date, item] 计算 sum(sell_amount) 并存储下来，在查询时找到 10 月 1 日的销售商品就可以直接排序返回了。读取的记录数最大不会超过维度 [sell_date, item] 的组合数。显然这个数字将远远小于实际的销售记录，比如 10 月 1 日的 1 亿条交易包含了 100 万条商品，那么预计算后就只有 100 万条记录了，是原来的百分之一。并且这些记录已经是按商品聚合的结果，因此又省去了运行时的聚合运算。从未来的发展来看，查询速度只会随日期和商品数目的增长而变化，与销售记录的总数不再有直接联系。假如日交易量提高一倍到 2 亿，但只要商品的总数不变，那么预计算的结果记录总数就不会变，查询的速度也不会变。

"预计算"就是 Kylin 在"大规模并行处理"和"列式存储"之外，提供给大数据分析的第三个关键技术。

1.3　Apache Kylin 的工作原理

Apache Kylin 的工作原理本质上是 MOLAP（Multidimensional Online Analytical Processing）Cube，也就是多维立方体分析。这是数据分析中相当经典的理论，在关系数据库年代就已经有了广泛的应用，下面将对其做简要介绍。

1.3.1　维度和度量简介

在说明 MOLAP Cube 之前需要先介绍一下维度（Dimension）和度量（Measure）这两个概念。

简单来讲，维度就是观察数据的角度。比如电商的销售数据，可以从时间的维度来观察（如图 1-2 的左侧所示），也可以进一步细化，从时间和地区的维度来观察（如图 1-2 的右侧所示）。维度一般是一组离散的值，比如时间维度上的每一个独立的日期，或者商品维度上的每一件独立的商品。因此统计时可以把维度值相同的记录聚合在一起，然后应用聚合函数做累加、平均、去重复计数等聚合计算。

时间 （维度）	销售额 （度量）
2016 1Q	1.7 M
2016 2Q	2.1 M
2016 3Q	1.6 M
2016 4Q	1.8 M

时间 （维度）	地区 （维度）	销售额 （度量）
2016 1Q	中国	1.0 M
2016 1Q	北美	0.7 M
2016 2Q	中国	1.5 M
2016 2Q	北美	0.6 M
2016 3Q	中国	0.9 M
2016 3Q	北美	0.7 M
2016 4Q	中国	0.9 M
2016 4Q	北美	0.9 M

图 1-2　维度和度量的例子

度量就是被聚合的统计值，也是聚合运算的结果，它一般是连续的值，如图 1-2 中的销售额，抑或是销售商品的总件数。通过比较和测算度量，分析师可以对数据进行评估，比如今年的销售额相比去年有多大的增长，增长的速度是否达到预期，不同商品类别的增长比例是否合理等。

1.3.2　Cube 和 Cuboid

有了维度和度量，一个数据表或数据模型上的所有字段就可以分类了，它们要么是维度，要么是度量（可以被聚合）。于是就有了根据维度和度量做预计算的 Cube 理论。

给定一个数据模型，我们可以对其上的所有维度进行组合。对于 N 个维度来说，组合的所有可能性共有 2^N 种。对于每一种维度的组合，将度量做聚合运算，然后将运算的结果保存为一个物化视图，称为 Cuboid。所有维度组合的 Cuboid 作为一个整体，被称为 Cube。所以简单来说，一个 Cube 就是许多按维度聚合的物化视图的集合。

下面来列举一个具体的例子。假定有一个电商的销售数据集，其中维度包括时间（Time）、商品（Item）、地点（Location）和供应商（Supplier），度量为销售额（GMV）。那么所有维度的组合就有 2^4=16 种（如图 1-3 所示），比如一维度（1D）的组合有 [Time]、[Item]、[Location]、[Supplier]4 种；二维度（2D）的组合有 [Time, Item]、[Time, Location]、[Time、Supplier]、[Item, Location]、[Item, Supplier]、[Location, Supplier]6 种；三维度（3D）的组合也有 4 种；最后零维度（0D）和四维度（4D）的组合各有 1 种，总共就有 16 种组合。

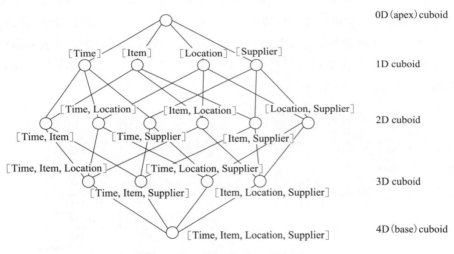

图 1-3　一个四维 Cube 的例子

计算 Cuboid，即按维度来聚合销售额。如果用 SQL 语句来表达计算 Cuboid [Time, Location]，那么 SQL 语句如下：

```
select Time, Location, Sum(GMV) as GMV from Sales group by Time, Location
```

将计算的结果保存为物化视图，所有 Cuboid 物化视图的总称就是 Cube。

1.3.3　工作原理

Apache Kylin 的工作原理就是对数据模型做 Cube 预计算，并利用计算的结果加速查询，具体工作过程如下。

1）指定数据模型，定义维度和度量。

2）预计算 Cube，计算所有 Cuboid 并保存为物化视图。

3）执行查询时，读取 Cuboid，运算，产生查询结果。

由于 Kylin 的查询过程不会扫描原始记录，而是通过预计算预先完成表的关联、聚合等复杂运算，并利用预计算的结果来执行查询，因此相比非预计算的查询技术，其速度一般要快一到两个数量级，并且这点在超大的数据集上优势更明显。当数据集达到千亿乃至万亿级别时，Kylin 的速度甚至可以超越其他非预计算技术 1000 倍以上。

1.4　Apache Kylin 的技术架构

Apache Kylin 系统可以分为在线查询和离线构建两部分，技术架构如图 1-4 所示，在线查询的模块主要处于上半区，而离线构建则处于下半区。

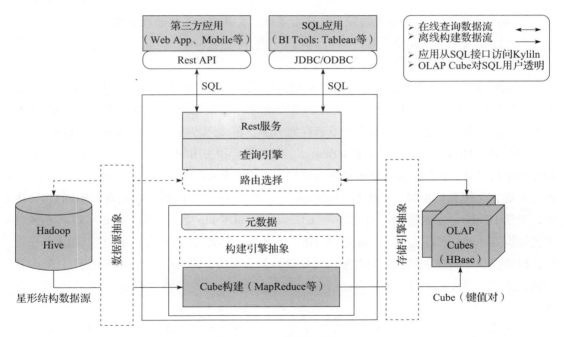

图 1-4　Kylin 的技术架构

我们首先来看看离线构建的部分。从图 1-4 可以看出，数据源在左侧，目前主要是 Hadoop Hive，保存着待分析的用户数据。根据元数据的定义，下方构建引擎从数据源抽取数据，并构建 Cube。数据以关系表的形式输入，且必须符合星形模型（Star Schema）（更复杂的雪花模型在成文时还不被支持，可以用视图将雪花模型转化为星形模型，再使用 Kylin）。

MapReduce 是当前主要的构建技术。构建后的 Cube 保存在右侧的存储引擎中，一般选用 HBase 作为存储。

完成了离线构建之后，用户可以从上方查询系统发送 SQL 进行查询分析。Kylin 提供了各种 Rest API、JDBC/ODBC 接口。无论从哪个接口进入，SQL 最终都会来到 Rest 服务层，再转交给查询引擎进行处理。这里需要注意的是，SQL 语句是基于数据源的关系模型书写的，而不是 Cube。Kylin 在设计时刻意对查询用户屏蔽了 Cube 的概念，分析师只需要理解简单的关系模型就可以使用 Kylin，没有额外的学习门槛，传统的 SQL 应用也很容易迁移。查询引擎解析 SQL，生成基于关系表的逻辑执行计划，然后将其转译为基于 Cube 的物理执行计划，最后查询预计算生成的 Cube 并产生结果。整个过程不会访问原始数据源。

> **注意** 对于查询引擎下方的路由选择，在最初设计时曾考虑过将 Kylin 不能执行的查询引导去 Hive 中继续执行，但在实践后发现 Hive 与 Kylin 的速度差异过大，导致用户无法对查询的速度有一致的期望，很可能大多数查询几秒内就返回结果了，而有些查询则要等几分钟到几十分钟，因此体验非常糟糕。最后这个路由功能在发行版中默认关闭，因此在图 1-4 中是用虚线表示的。

Apache Kylin 1.5 版本引入了"可扩展架构"的概念。在图 1-4 中显示为三个粗虚线框表示的抽象层。可扩展指 Kylin 可以对其主要依赖的三个模块做任意的扩展和替换。Kylin 的三大依赖模块分别是数据源、构建引擎和存储引擎。在设计之初，作为 Hadoop 家族的一员，这三者分别是 Hive、MapReduce 和 HBase。但随着推广和使用的深入，渐渐有用户发现它们均存在不足之处。比如，实时分析可能会希望从 Kafka 导入数据而不是从 Hive；而 Spark 的迅速崛起，又使我们不得不考虑将 MapReduce 替换为 Spark，以期大幅提高 Cube 的构建速度；至于 HBase，它的读性能可能还不如 Cassandra 或 Kudu 等。可见，是否可以将一种技术替换为另一种技术已成为一个常见的问题。于是我们对 Kylin 1.5 版本的系统架构进行了重构，将数据源、构建引擎、存储引擎三大依赖抽象为接口，而 Hive、MapReduce、HBase 只是默认实现。深度用户可以根据自己的需要做二次开发，将其中的一个或多个替换为更适合的技术。

这也为 Kylin 技术的与时俱进埋下了伏笔。如果有一天更先进的分布式计算技术取代了 MapReduce，或者更高效的存储系统全面超越了 HBase，Kylin 可以用较小的代价将一个子系统替换掉，从而保证 Kylin 能够紧跟技术发展的最新潮流，从而保持最高的技术水平。

可扩展架构也带来了额外的灵活性，比如，它可以允许多个引擎同时并存。例如 Kylin 可以同时对接 Hive、Kafka 和其他第三方数据源；抑或用户可以为不同的 Cube 指定不同的构建引擎或存储引擎，以期达到最极致的性能和功能定制。

1.5　Apache Kylin 的主要特点

Apache Kylin 的主要特点包括支持 SQL 接口、支持超大数据集、秒级响应、可伸缩性、高吞吐率、BI 工具集成等。

1.5.1　标准 SQL 接口

Apache Kylin 以标准 SQL 作为对外服务的主要接口。因为 SQL 是绝大多数分析人员最熟悉的工具，同时也是大多数应用程序使用的编程接口。尽管 Kylin 内部以 Cube 技术为核心，对外却没有选用 MDX（MultiDimensional eXpressions）作为接口。虽然 MDX 作为 OLAP 查询语言，从学术上来说，它是更加适合 Kylin 的选择，然而实践表明，SQL 简单易用，代表了绝大多数用户的第一需求，这也是 Kylin 能够快速推广的一个关键。

SQL 需要以关系模型作为支撑。Kylin 使用的查询模型是数据源中的关系模型表，一般而言，也就是指 Hive 表。终端用户只需要像原来查询 Hive 表一样编写 SQL，就可以无缝地切换到 Kylin，几乎不需要额外的学习，甚至原本的 Hive 查询也因为与 SQL 同源，大多都无须修改就能直接在 Kylin 上运行。

Apache Kylin 在将来也可能会推出 MDX 接口。事实上已经有方法可以通过 MDX 转 SQL 的工具，让 Kylin 也能支持 MDX。

1.5.2　支持超大数据集

Apache Kylin 对大数据的支撑能力可能是目前所有技术中最为领先的。早在 2015 年 eBay 的生产环境中 Kylin 就能支持百亿记录的秒级查询，之后在移动的应用场景下又有了千亿记录秒级查询的案例。这些都是实际场景的应用，而非实验室中的理论数据。

因为使用了 Cube 预计算技术，在理论上，Kylin 可以支撑的数据集大小没有上限，仅受限于存储系统和分布式计算系统的承载能力，并且查询速度不会随数据集的增大而减慢。Kylin 在数据集规模上的局限性主要在于维度的个数和基数。它们一般由数据模型来决定，不会随着数据规模的增长而线性增长，这也意味着 Kylin 对未来数据的增长有着更强的适应能力。

如今（截至 2016 年 5 月），对于 Apache Kylin，除了 eBay 将其作为孵化公司有广泛应用之外，国内外一线的互联网公司对此几乎都有大规模的使用，包括百度、网易、京东、美团、唯品会、Expedia 等。此外，其在传统行业中也有非常多的实际应用，包括中国移动、银联、国美等。据不完全统计，真实上线的 Apache Kylin 用户已经超过了一百多家，在开源后一年多一点的时间内能有如此大的全球用户基础，足见 Kylin 在处理超大规模数据集上的能力和优势。

1.5.3　亚秒级响应

Apache Kylin 拥有优异的查询响应速度，这点得益于预计算，很多复杂的计算，比如连接、聚合，在离线的预计算过程中就已经完成，这大大降低了查询时刻所需要的计算量，提高了响应速度。

根据可查询到的公开资料可以得知，Apache Kylin 在某生产环境中 90% 的查询可以在 3s 内返回结果。这并不是说一小部分 SQL 相当快，而是在数万种不同 SQL 的真实生产系统中，绝大部分的查询都非常迅速；在另外一个真实的案例中，对 1000 多亿条数据构建了立方体，90% 的查询性能都在 1.18s 以内，可见 Kylin 在超大规模数据集上表现优异。这与一些只在实验室中，只在特定查询情况下采集的性能数据不可同日而语。当然并不是使用 Kylin 就一定能获得最好的性能。针对特定的数据及查询模式，往往需要做进一步的性能调优、配置优化等，性能调优对于充分利用好 Apache Kylin 至关重要。

1.5.4　可伸缩性和高吞吐率

在保持高速响应的同时，Kylin 有着良好的可伸缩性和很高的吞吐率。图 1-5 是来自网易的性能分享。图 1-5 中左侧是 Kylin 查询速度与 Mondrian/Oracle 的对比，可以看到在 3 个测试查询中，Kylin 分别比 Mondrian/Oracle 快 147 倍、314 倍和 59 倍。

同时，图 1-5 中右侧展现了 Kylin 的吞吐率及其可伸缩性。在只有 1 个 Kylin 实例的情况下，Kylin 每秒可以处理近 70 个查询，已经远远高于每秒 20 个查询的一般水平。更为理想的是，随着服务器的增加，吞吐率也呈线性增加，存在 4 个实例时可达到每秒 230 个查询左右，而这 4 个实例仅部署在一台机器上，理论上添加更多的应用服务器后可以支持更大的并发率。

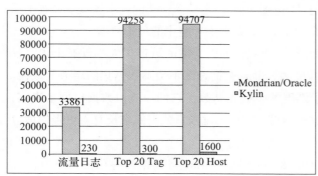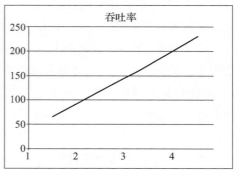

By NetEase:
http://www.bitstech.net/2016/01/04/kylin-olap/

图 1-5　Kylin 的可伸缩性和吞吐率

这主要还是归功于预计算降低了查询时所需的计算总量，令 Kylin 可以在相同的硬件配置下承载更多的并发查询。

1.5.5　BI 及可视化工具集成

Apache Kylin 提供了丰富的 API，以与现有的 BI 工具集成，具体包括如下内容。

❏ ODBC 接口，与 Tableau、Excel、Power BI 等工具集成。

❏ JDBC 接口，与 Saiku、BIRT 等 Java 工具集成。

❏ Rest API，与 JavaScript、Web 网页集成。

分析师可以沿用他们最熟悉的 BI 工具与 Kylin 一同工作，或者在开放的 API 上做二次开发和深度定制。

另外，Kylin 核心开发团队也贡献了 Apache Zeppelin 的插件，现在已经可以用 Zeppelin 来访问 Kylin 服务。

1.6　与其他开源产品比较

与 Apache Kylin 一样致力于解决大数据查询问题的其他开源产品也有不少，比如 Apache Drill、Apache Impala、Druid、Hive、Presto（Facebook）、SparkSQL 等。本节试图将 Kylin 与它们做一个简单的比较。

从底层技术的角度来看，这些开源产品有很大的共性，一些底层技术几乎被所有的产品一致采用，Kylin 也不例外。

❏ 大规模并行处理：可以通过增加机器的方式来扩容处理速度，在相同的时间里处理更多的数据。

❏ 列式存储：通过按列存储提高单位时间里数据的 I/O 吞吐率，还能跳过不需要访问的列。

❏ 索引：利用索引配合查询条件，可以迅速跳过不符合条件的数据块，仅扫描需要扫描的数据内容。

❏ 压缩：压缩数据然后存储，使得存储的密度更高，在有限的 I/O 速率下，在单位时间里读取更多的记录。

综上所述，我们可以注意到，所有这些方法都只是提高了单位时间内处理数据的能力，当大家都一致采用这些技术时，它们之间的区别将只停留在实现层面的代码细节上。最重要的是，这些技术都不会改变一个事实，那就是处理时间与数据量之间的正比例关系。当数据量翻倍时，MPP（在不扩容的前提下）需要翻倍的时间来完成计算；列式存储需要翻倍的存储空间；索引下符合条件的记录数也会翻倍；压缩后的数据大小也还是之前的两倍。因此查询速度也会随之变成之前的两倍。当数据量成十倍百倍地增长时，这些技术的查询速度就会成十倍百倍地下降，最终变得不能接受。

Apache Kylin 的特色在于，在上述的底层技术之外，另辟蹊径地使用了独特的 Cube 预计算技术。预计算事先将数据按维度组合进行了聚合，将结果保存为物化视图。经过聚合，物化视图的规模就只由维度的基数来决定，而不再随着数据量的增长呈线性增长。以电商为例，如果业务扩张，交易量增长了 10 倍，只要交易数据的维度不变（供应商 / 商品数量不变），聚合后的物化视图将依旧是原先的大小，查询的速度也将保持不变。

与那些类似产品相比，这一底层技术的区别使得 Kylin 从外在功能上呈现出了不同的特性，具体如下。

❑ SQL 接口：除了 Druid 以外，所有的产品都支持 SQL 或类 SQL 接口。巧合的是，Druid 也是除了 Kylin 以外，查询性能相对更好的一个。这点除了 Druid 有自己的存储引擎之外，可能还得益于其较为受限的查询能力。

❑ 大数据支持：大多数产品的能力在亿级到十亿级数据量之间，再大的数据量将显著降低查询的性能。而 Kylin 因为采用预计算技术，因此查询速度不受数据量限制。有实际案例证明数据量在千亿级别时，Kylin 系统仍然能够保有秒级别的查询性能。

❑ 查询速度：如前文所述，一般产品的查询速度都会不可避免地随着数据量的增长而下降，而 Kylin 则能够在数据量成倍增长的同时，查询速度保持不变，而且这个差距也将随着数据量的成倍增长而变得愈加明显。

❑ 吞吐率：根据之前的实验数据，Kylin 的单例吞吐量一般在每秒 70 个查询左右，并且可以线性扩展，而普通的产品因为所有计算都在查询时完成，所以需要调动集群的更多资源才能完成查询，通常极限在每秒 20 个查询左右，而且扩容成本较高，需要扩展整个集群。相对的，Kylin 系统因为瓶颈不在整个集群，而在于 Kylin 服务器，因此只需要增加 Kylin 服务器就能成倍地提高吞吐率，扩容成本低廉。

1.7 小结

本章介绍了 Apache Kylin 的历史背景和技术特点。尤其是它基于预计算的大数据查询原理，理论上可以在任意大的数据规模上达到 O(1) 常数级别的查询速度，这一点也是 Apache Kylin 与传统查询技术的关键区别，如图 1-6 所示。传统技术，如大规模并行计算和列式存储的查询速度都在 O(N) 级别，与数据规模增线性关系。如果数据规模增长 10 倍，那么 O(N) 的查询速度就会下降到十

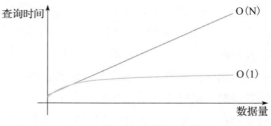

图 1-6　查询时间复杂度 O(1) 比 O(N)

分之一，无法满足日益增长的数据需求。依靠 Apache Kylin，我们不用再担心查询速度会随着数据量的增长而减慢，面对未来的数据挑战时也能更有信心。

第 2 章　*Chapter 2*

快 速 入 门

第 1 章介绍了 Kylin 的概况，以及与其他 SQL on Hadoop 技术的比较，相信读者对 Kylin 已经有了一个整体的认识。本章将详细介绍 Kylin 的一些核心概念，然后带领读者逐步定义数据模型，创建 Cube，并通过 SQL 来查询 Cube，以帮助读者对 Kylin 有更为直观的了解。

2.1　核心概念

在开始使用 Kylin 之前，我们有必要先了解一下 Kylin 里的各种概念和术语，为后续章节的学习奠定基础。

2.1.1　数据仓库、OLAP 与 BI

数据仓库（Data Warehouse）是一种信息系统的资料储存理论，此理论强调的是利用某些特殊的资料储存方式，让所包含的资料特别有利于分析和处理，从而产生有价值的资讯，并可依此做出决策。

利用数据仓库的方式存放的资料，具有一旦存入，便不会随时间发生变动的特性，此外，存入的资料必定包含时间属性，通常一个数据仓库中会含有大量的历史性资料，并且它可利用特定的分析方式，从其中发掘出特定的资讯。

OLAP（Online Analytical Process），联机分析处理，以多维度的方式分析数据，而且能够弹性地提供上卷（Roll-up）、下钻（Drill-down）和透视分析（Pivot）等操作，它是呈现集成性决策信息的方法，多用于决策支持系统、商务智能或数据仓库。其主要的功能在于方便大规模数据分析及统计计算，可对决策提供参考和支持。与之相区别的是联机交易处理（OLTP），联机交易处理，更侧重于基本的、日常的事务处理，包括数据的增删改查。

❑ OLAP 需要以大量历史数据为基础，再配合上时间点的差异，对多维度及汇整型的信息进行复杂的分析。

❑ OLAP 需要用户有主观的信息需求定义，因此系统效率较佳。

OLAP 的概念，在实际应用中存在广义和狭义两种不同的理解方式。广义上的理解与字面上的意思相同，泛指一切不会对数据进行更新的分析处理。但更多的情况下 OLAP 被理解为其狭义上的含义，即与多维分析相关，基于立方体（Cube）计算而进行的分析。

BI（Business Intelligence），即商务智能，指用现代数据仓库技术、在线分析技术、数据挖掘和数据展现技术进行数据分析以实现商业价值。

今天，许多企业已经建立了自己的数据仓库，用于存放和管理不断增长的数据；这些数据中蕴含着丰富的价值，但只有通过使用一系列的分析工具，进行大量的筛选、计算和展示，数据中蕴含的规律和潜在的信息才能被人们所发现；分析人员可结合这些信息展开商业决策和市场活动，从而为用户提供更好的服务，或为企业产生更大的价值。

2.1.2 维度和度量

维度和度量是数据分析中的两个基本概念。

维度是指审视数据的角度，它通常是数据记录的一个属性，例如时间、地点等。度量是基于数据所计算出来的考量值；它通常是一个数值，如总销售额、不同的用户数等。分析人员往往要结合若干个维度来审查度量值，以便在其中找到变化规律。在一个 SQL 查询中，Group By 的属性通常就是维度，而所计算的值则是度量。如下面的示例：

```
select part_dt, lstg_site_id, sum(price) as total_selled, count(distinct
seller_id) as sellers from kylin_sales group by part_dt, lstg_site_id
```

在上面的这个查询中，part_dt 和 lstg_site_id 是维度，sum(price) 和 count(distinct seller_id) 是度量。

2.1.3 事实表和维度表

事实表（Fact Table）是指存储有事实记录的表，如系统日志、销售记录等；事实表的记录在不断地动态增长，所以它的体积通常远大于其他表。

维度表（Dimension Table）或维表，有时也称查找表（Lookup Table），是与事实表相对应的一种表；它保存了维度的属性值，可以跟事实表做关联；相当于将事实表上经常重复出现的属性抽取、规范出来用一张表进行管理。常见的维度表有：日期表（存储与日期对应的周、月、季度等的属性）、地点表（包含国家、省／州、城市等属性）等。使用维度表有诸多好处，具体如下。

- ❑ 缩小了事实表的大小。
- ❑ 便于维度的管理和维护，增加、删除和修改维度的属性，不必对事实表的大量记录进行改动。
- ❑ 维度表可以为多个事实表重用，以减少重复工作。

2.1.4　Cube、Cuboid 和 Cube Segment

Cube（或 Data Cube），即数据立方体，是一种常用于数据分析与索引的技术；它可以对原始数据建立多维度索引。通过 Cube 对数据进行分析，可以大大加快数据的查询效率。

Cuboid 在 Kylin 中特指在某一种维度组合下所计算的数据。

Cube Segment 是指针对源数据中的某一个片段，计算出来的 Cube 数据。通常数据仓库中的数据数量会随着时间的增长而增长，而 Cube Segment 也是按时间顺序来构建的。

2.2　在 Hive 中准备数据

2.1 节介绍了 Kylin 中的常见概念。本节将介绍准备 Hive 数据的一些注意事项。需要被分析的数据必须先保存为 Hive 表的形式，然后 Kylin 才能从 Hive 中导入数据，创建 Cube。

Apache Hive 是一个基于 Hadoop 的数据仓库工具，最初由 Facebook 开发并贡献到 Apache 软件基金会。Hive 可以将结构化的数据文件映射为数据库表，并可以将 SQL 语句转换为 MapReduce 或 Tez 任务进行运行，从而让用户以类 SQL（HiveQL，也称 HQL）的方式管理和查询 Hadoop 上的海量数据。

此外，Hive 还提供了多种方式（如命令行、API 和 Web 服务等）可供第三方方便地获取和使用元数据并进行查询。今天，Hive 已经成为 Hadoop 数据仓库的首选，是 Hadoop 上不可或缺的一个重要组件，很多项目都已兼容或集成了 Hive。基于此情况，Kylin 选择 Hive 作为原始数据的主要来源。

在 Hive 中准备待分析的数据是使用 Kylin 的前提；将数据导入到 Hive 表中的方法有很多，用户管理数据的技术和工具也各式各样，因此具体步骤不在本书的讨论范围之内。如有需要可以参考 Hive 的使用文档。这里将着重阐述需要注意的几个事项。

2.2.1　星形模型

数据挖掘有几种常见的多维数据模型，如星形模型（Star Schema）、雪花模型（Snowflake Schema）、事实星座模型（Fact Constellation）等。

星形模型中有一张事实表，以及零个或多个维度表；事实表与维度表通过主键外键相关联，维度表之间没有关联，就像很多星星围绕在一个恒星周围，故取名为星形模型。

如果将星形模型中某些维度的表再做规范，抽取成更细的维度表，然后让维度表之间也进行关联，那么这种模型称为雪花模型。

星座模型是更复杂的模型，其中包含了多个事实表，而维度表是公用的，可以共享。

不过，Kylin 只支持星形模型的数据集，这是基于以下考虑。

❑ 星形模型是最简单，也是最常用的模型。

❑ 由于星形模型只有一张大表，因此它相比于其他模型更适合于大数据处理。

❑ 其他模型可以通过一定的转换，变为星形模型。

2.2.2 维度表的设计

除了数据模型以外，Kylin 还对维度表有一定的要求，具体要求如下。

1）要具有数据一致性，主键值必须是唯一的；Kylin 会进行检查，如果有两行的主键值相同则会报错。

2）维度表越小越好，因为 Kylin 会将维度表加载到内存中供查询；过大的表不适合作为维度表，默认的阈值是 300MB。

3）改变频率低，Kylin 会在每次构建中试图重用维度表的快照，如果维度表经常改变的话，重用就会失效，这就会导致要经常对维度表创建快照。

4）维度表最好不要是 Hive 视图（View），虽然在 Kylin 1.5.3 中加入了对维度表是视图这种情况的支持，但每次都需要将视图进行物化，从而导致额外的时间开销。

2.2.3 Hive 表分区

Hive 表支持多分区（Partition）。简单地说，一个分区就是一个文件目录，存储了特定的数据文件。当有新的数据生成的时候，可以将数据加载到指定的分区，读取数据的时候也可以指定分区。对于 SQL 查询，如果查询中指定了分区列的属性条件，则 Hive 会智能地选择特定分区（也就是目录），从而避免全量数据的扫描，减少读写操作对集群的压力。

下面列举的一组 SQL 演示了如何使用分区：

```
Hive> create table invites (id int, name string) partitioned by (ds string) row
format delimited fields terminated by 't' stored as textfile;

Hive> load data local inpath '/user/hadoop/data.txt' overwrite into table
invites partition (ds='2016-08-16');

Hive> select * from invites where ds ='2016-08-16';
```

Kylin 支持增量的 Cube 构建，通常是按时间属性来增量地从 Hive 表中抽取数据。如果 Hive 表正好是按此时间属性做分区的话，那么就可以利用到 Hive 分区的好处，每次在 Hive

构建的时候都可以直接跳过不相干日期的数据，节省 Cube 构建的时间。这样的列在 Kylin 里也称为分割时间列（Partition Time Column），通常它应该也是 Hive 表的分区列。

2.2.4 了解维度的基数

维度的基数（Cardinality）指的是该维度在数据集中出现的不同值的个数；例如"国家"是一个维度，如果有 200 个不同的值，那么此维度的基数就是 200。通常一个维度的基数会从几十到几万个不等，个别维度如"用户 ID"的基数会超过百万甚至千万。基数超过一百万的维度通常被称为超高基数维度（Ultra High Cardinality，UHC），需要引起设计者的注意。

Cube 中所有维度的基数都可以体现出 Cube 的复杂度，如果一个 Cube 中有好几个超高基数维度，那么这个 Cube 膨胀的概率就会很高。在创建 Cube 前需要对所有维度的基数做一个了解，这样就可以帮助设计合理的 Cube。计算基数有多种途径，最简单的方法就是让 Hive 执行一个 count distinct 的 SQL 查询；Kylin 也提供了计算基数的方法，在 2.3.1 节中会进行介绍。

2.2.5 Sample Data

如果需要一些简单数据来快速体验 Apache Kylin，也可以使用 Apache Kylin 自带的 Sample Data。运行"${KYLIN_HOME}/bin/sample.sh"来导入 Sample Data，然后就能按照下面的流程继续创建模型和 Cube。

具体请执行下面命令，将 Sample Data 导入 Hive 数据库。

```
cd ${KYLIN_HOME}
bin/sample.sh
```

Sample Data 测试的样例数据集总共仅 1MB 左右，共计 3 张表，其中事实表有 10000 条数据。因为数据规模较小，有利于在虚拟机中进行快速实践和操作。数据集是一个规范的星形模型结构，它总共包含了 3 个数据表：

- ❑ KYLIN_SALES 是事实表，保存了销售订单的明细信息。各列分别保存着卖家、商品分类、订单金额、商品数量等信息，每一行对应着一笔交易订单。
- ❑ KYLIN_CATEGORY_GROUPINGS 是维表，保存了商品分类的详细介绍，例如商品分类名称等。
- ❑ KYLIN_CAL_DT 也是维表，保存了时间的扩展信息。如单个日期所在的年始、月始、周始、年份、月份等。

这 3 张表一起构成了整个星形模型。

2.3 设计 Cube

如果数据已经在 Hive 中准备好了，并且已经满足了 2.2 节中介绍的条件，那么就可以开始设计和创建 Cube 了。本节将按通常的步骤介绍 Cube 是如何进行创建的。

2.3.1 导入 Hive 表定义

登录 Kylin 的 Web 界面，创建新的或选择一个已有的项目之后，需要做的就是将 Hive 表的定义导入到 Kylin 中。

单击 Web 界面的 Model → Data source 下的 "Load Hive Table" 图标，然后输入表的名称（可以一次导入多张表，以逗号分隔表名，如图 2-1 所示），单击按钮 "Sync"，Kylin 就会使用 Hive 的 API 从 Hive 中获取表的属性信息。

导入成功后，表的结构信息会以树状的形式显示在页面的左侧，可以单击展开或收缩，如图 2-2 所示。

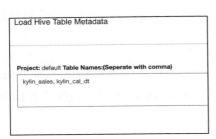

图 2-1　输入 Hive 表名

图 2-2　完成导入的 Hive 表

同时，Kylin 会在后台触发一个 MapReduce 任务，计算此表每个列的基数。通常稍过几分钟之后再刷新页面，就会看到显示出来的基数信息，如图 2-3 所示。

ID ▲	Name ⬍	Data Type ⬍	Cardinality ⬍
1	TRANS_ID	bigint	1
2	PART_DT	date	736
3	LSTG_FORMAT_NAME	varchar(256)	5
4	LEAF_CATEG_ID	bigint	136
5	LSTG_SITE_ID	integer	7
6	SLR_SEGMENT_CD	smallint	8
7	PRICE	decimal(19,4)	10000
8	ITEM_COUNT	bigint	1
9	SELLER_ID	bigint	955

图 2-3　计算后各列的基数

需要注意的是，这里 Kylin 对基数的计算方法采用的是 HyperLogLog 的近似算法，与精确值略有误差，但作为参考值已经足够了。

2.3.2 创建数据模型

有了表信息之后，就可以开始创建数据模型（Data Model）了。数据模型是 Cube 的基础，它主要用于描述一个星形模型。有了数据模型以后，定义 Cube 的时候就可以直接从此模型定义的表和列中进行选择了，省去重复指定连接（join）条件的步骤。基于一个数据模型还可以创建多个 Cube，以方便减少用户的重复性工作。

在 Kylin 界面的"Models"页面中，单击"New"→"New Model"，开始创建数据模型。给模型输入名称之后，选择一个事实表（必需的），然后添加维度表（可选），如图 2-4 所示。

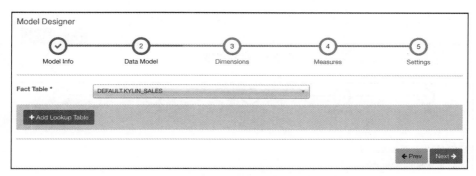

图 2-4　选择事实表

添加维度表的时候，需要选择连接的类型：是 Inner 还是 Left，然后选择连接的主键和外键，这里也支持多主键，如图 2-5 所示。

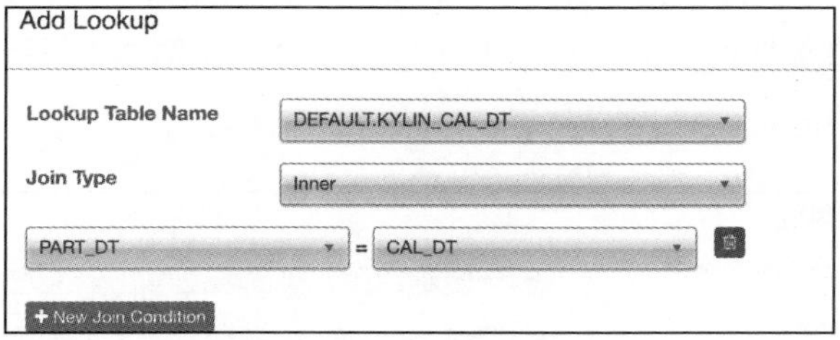

图 2-5　选择维度表

接下来选择会用作维度和度量的列。这里只是选择一个范围，不代表这些列将来一定要用作 Cube 的维度或度量，你可以把所有可能会用到的列都选进来，后续创建 Cube 的时候，将只能从这些列中进行选择。

选择维度列时，维度可以来自事实表或维度表，如图 2-6 所示。

选择度量列时，度量只能来自事实表，如图 2-7 所示。

最后一步，是为模型补充分割时间列信息和过滤条件。如果此模型中的事实表记录是按时间增长的，那么可以指定一个日期／时间列作为模型的分割时间列，从而可以让 Cube 按此列做增量构建，关于增量构建的具体内容请参见第 3 章。

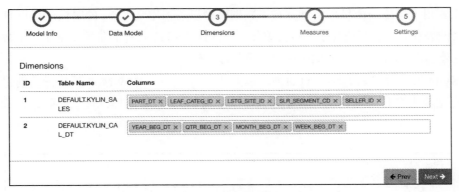

图 2-6 选择维度列

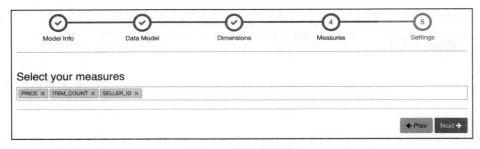

图 2-7 选择度量列

过滤（Filter）条件是指，如果想把一些记录忽略掉，那么这里可以设置一个过滤条件。Kylin 在向 Hive 请求源数据的时候，会带上此过滤条件。在图 2-8 所示的示例中，会直接排除掉金额小于等于 0 的记录。

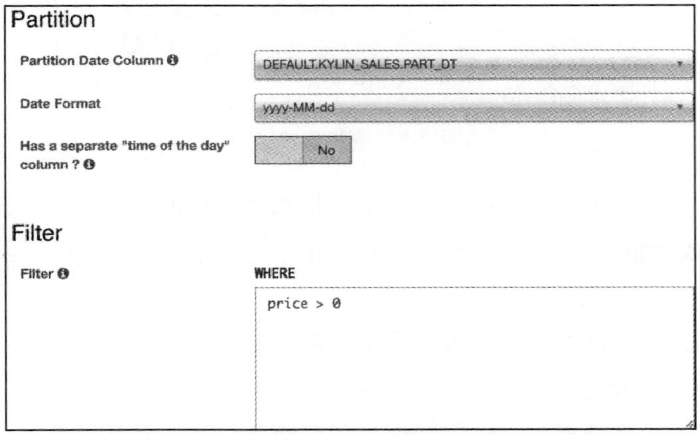

Partition

Partition Date Column ❶	DEFAULT.KYLIN_SALES.PART_DT ▾
Date Format	yyyy-MM-dd ▾
Has a separate "time of the day" column ? ❶	No

Filter

	WHERE
Filter ❶	price > 0

图 2-8 选择分区列和设定过滤器

最后，单击"Save"保存此数据模型，随后它将出现在"Models"的列表中。

2.3.3 创建 Cube

本节将快速介绍创建 Cube 时的各种配置选项，但是由于篇幅的限制，这里将不会对 Cube 的配置和 Cube 的优化进行深入的展开介绍。读者可以在后续的章节（如第 6 章 "Cube 优化"）中找到关于 Cube 的更详细的介绍。接下来开始 Cube 的创建；单击 "New"，选择 "New Cube"，会开启一个包含若干步骤的向导。

第一页，选择要使用的数据模型，并为此 Cube 输入一个唯一的名称（必需的）和描述（可选的）（如图 2-9 所示）；这里还可以输入一个邮件通知列表，用于在构建完成或出错时收到通知。如果不想接收处于某些状态的通知，那么可以从 "Notification Events" 中将其去掉。

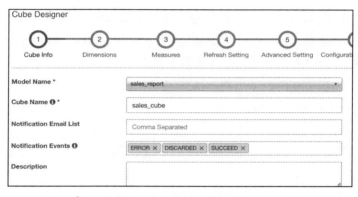

图 2-9　Cube 基本信息

第二页，选择 Cube 的维度。可以通过以下两个按钮来添加维度。

❏ "Add Dimension"：逐个添加维度，可以是普通维度也可以是衍生（Derived）维度。

❏ "Auto Generator"：批量选择并添加，让 Kylin 自动完成其他信息。

使用第一种方法的时候，需要为每个维度起个名字，然后选择表和列（如图 2-10 所示）。

如果是衍生维度的话，则必须是来自于某个维度表，一次可以选择多个列（如图 2-11 所示）；由于这些列值都可以从该维度表的主键值中衍生出来，所以实际上只有主键列会被 Cube 加入计算。

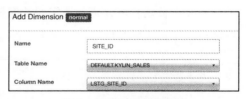

图 2-10　添加普通维度

而在 Kylin 的具体实现中，往往采用事实表上的外键替代主键进行计算和存储。但是在逻辑上可以认为衍生列来自于维度表的主键。

使用第二种方法的时候，Kylin 会用一个树状结构呈现出所有的列，用户只需要勾选所需要的列即可，Kylin 会自动补齐其他信息，从而方便用户的操作（如图 2-12 所示）。请注意，在这里 Kylin 会把维度表上的列都创建成衍生维度，这也许不是最合适的，在这种情况下，请使用第一种方法。

Add Dimension derived
Name
Derived_Dates
Table Name
DEFAULT.KYLIN_CAL_DT
Derived dimension only comes from lookup table.
MONTH_BEG_DT
WEEK_BEG_DT
+ New Derived

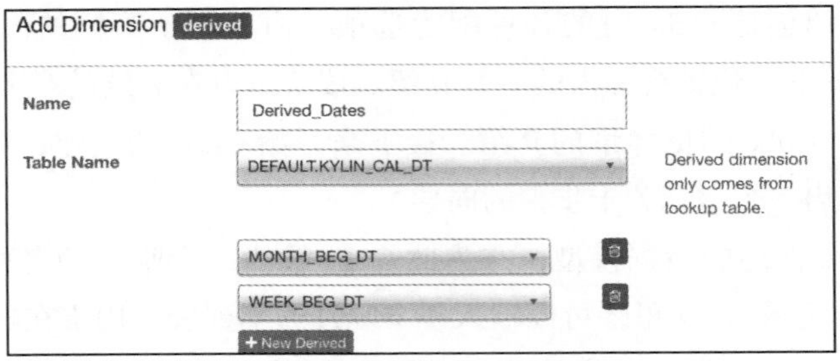

图 2-11 添加衍生维度

第三页，创建度量。Kylin 默认会创建一个 Count(1) 的度量。可以单击“+Measure”按钮来添加新的度量。Kylin 支持的度量有：SUM、MIN、MAX、COUNT、COUNT DISTINCT、TOP_N、RAW 等。请选择需要的度量类型，然后再选择适当的参数（通常为列名）。图 2-13 是一个 SUM(price) 的示例。

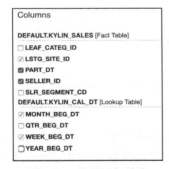

Columns
DEFAULT.KYLIN_SALES [Fact Table]
LEAF_CATEG_ID
LSTG_SITE_ID
PART_DT
SELLER_ID
SLR_SEGMENT_CD
DEFAULT.KYLIN_CAL_DT [Lookup Table]
MONTH_BEG_DT
QTR_BEG_DT
WEEK_BEG_DT
YEAR_BEG_DT

图 2-12 批量添加维度

Edit Measure
Name
total_sold
Expression
SUM
Param Type
column
Param Value
PRICE
Return Type
DECIMAL(19,4)
OK
Cancel

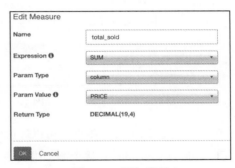

图 2-13 添加度量

重复上面的步骤，创建所需要的度量。Kylin 可以支持在一个 Cube 中添加多达上百个的度量；添加完所有度量之后，单击“Next”，如图 2-14 所示。

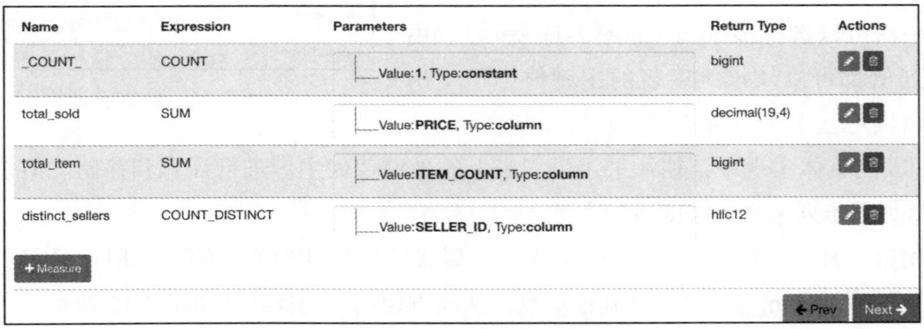

Name
Expression
Parameters
Return Type
Actions
COUNT
COUNT
Value:1, Type:constant
bigint
total_sold
SUM
Value:PRICE, Type:column
decimal(19,4)
total_item
SUM
Value:ITEM_COUNT, Type:column
bigint
distinct_sellers
COUNT_DISTINCT
Value:SELLER_ID, Type:column
hllc12
+ Measure
← Prev
Next →

图 2-14 度量列表

　　第四页，是关于 Cube 数据刷新的设置。在这里可以设置自动合并的阈值、数据保留的最短时间，以及第一个 Segment 的起点时间（如果 Cube 有分割时间列的话），详细内容请参考第 3 章。

　　第五页，高级设置。在此页面上可以设置聚合组和 Rowkey（如图 2-16 所示）。

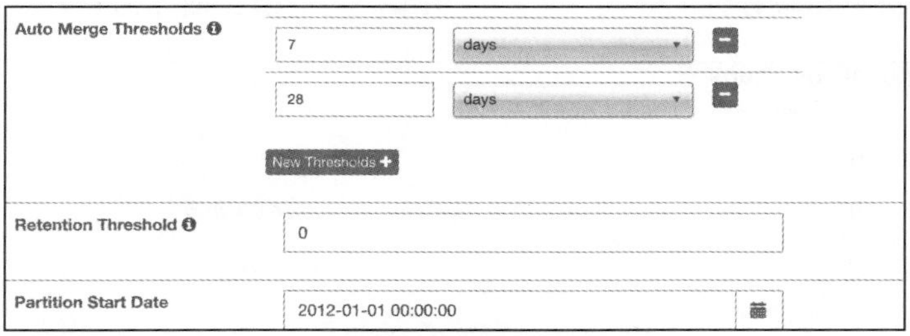

图 2-15　刷新设置

　　Kylin 默认会把所有维度都放在同一个聚合组中；如果维度数较多（例如 >10），那么建议用户根据查询的习惯和模式，单击 " New Aggregation Group+"，将维度分为多个聚合组。通过使用多个聚合组，可以大大降低 Cube 中的 Cuboid 数量。下面来举例说明，如果一个 Cube 有（M+N）个维度，那么默认它会有 2^{m+n} 个 Cuboid；如果把这些维度分为两个不相交的聚合组，那么 Cuboid 的数量将被减少为 2^m+2^n。

　　在单个聚合组中，可以对维度设置高级属性，如 Mandatory、Hierarchy、Joint 等。这几种属性都是为优化 Cube 的计算而设计的，了解这些属性的含义对日后更好地使用 Cube 至关重要。

　　Mandatory 维度指的是那些总是会出现在 Where 条件或 Group By 语句里的维度；通过将某个维度指定为 Mandatory，Kylin 就可以不用预计算那些不包含此维度的 Cuboid，从而减少计算量。

　　Hierarchy 是一组有层级关系的维度，例如 "国家" "省" "市"，这里的 "国家" 是高级别的维度，"省" "市" 依次是低级别的维度。用户会按高级别维度进行查询，也会按低级别维度进行查询，但在查询低级别维度时，往往都会带上高级别维度的条件，而不会孤立地审视低级别维度的数据。例如，用户会单击 "国家" 作为维度来查询汇总数据，也可能单击 "国家" + "省"，或者 "国家" + "省" + "市" 来查询，但是不会跨越国家直接 Group By "省" 或 "市"。通过指定 Hierarchy，Kylin 可以省略不满足此模式的 Cuboid。

　　Joint 是将多个维度组合成一个维度，其通常适用于如下两种情形。

❏ 总是会在一起查询的维度。

❏ 基数很低的维度。

　　Kylin 以 Key-Value 的方式将 Cube 存储到 HBase 中。HBase 的 key，也就是 Rowkey，是由各维度的值拼接而成的；为了更高效地存储这些值，Kylin 会对它们进行编码和压缩；每个维度均可以选择合适的编码（Encoding）方式，默认采用的是字典（Dictionary）编码技术；除了字典以外，还有整数（Int）和固定长度（Fixed Length）的编码。

　　字典编码是将此维度下的所有值构建成一个从 string 到 int 的映射表；Kylin 会将字典序列化保存，在 Cube 中存储 int 值，从而大大减小存储的大小。另外，字典是保持顺序的，即如果字符串 A 比字符串 B 大的话，那么 A 编码后的 int 值也会比 B 编码后的值大；这样可以使得在 HBase 中进行比较查询的时候，依然使用编码后的值，而无需解码。

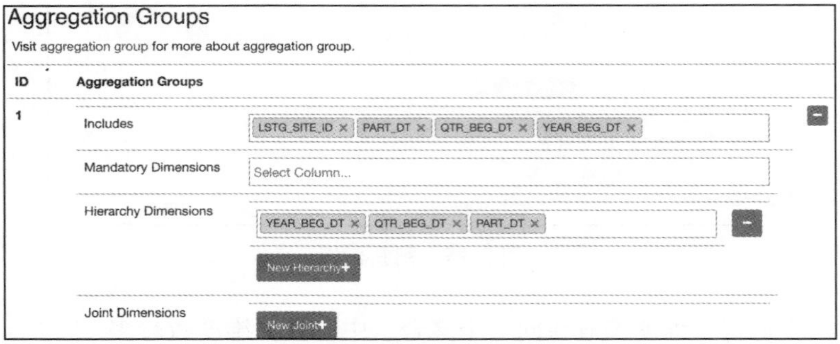

图 2-16　高级设置

　　字典非常适合于非固定长度的 string 类型值的维度，而且用户无需指定编码后的长度；但是由于使用字典需要维护一张映射表，因此如果此维度的基数很高，那么字典的大小就非常可观，从而不适合于加载到内存中，在这种情况下就要选择其他的编码方式了。Kylin 中字典编码允许的基数上限默认是 500 万（由参数 "kylin.dictionary.max.cardinality" 配置）。

　　整数（int）编码适合于对 int 或 bigint 类型的值进行编码，它无需额外存储，同时还可以支持很大的基数。用户需要根据值域选择编码的长度。例如有一个 "手机号码" 的维度，它是一个 11 位的数字，如 13800138000，我们知道它大于 2^{31}，但是小于 $2^{39}-1$，那么使用 int(5) 即可满足要求，每个值占用 5 字节，比按字符存储（11 字节）要少占用一半以上的空间。

　　当上面几种编码方式都不适合的时候，就需要使用固定长度的编码了；此编码方式其实只是将原始值截断或补齐成相同长度的一组字节，没有额外的转换，所以空间效率较差，通常只是作为一种权宜手段。

　　各维度在 Rowkeys 中的顺序，对于查询的性能会产生较明显的影响。在这里用户可以根据查询的模式和习惯，通过拖曳的方式调整各个维度在 Rowkeys 上的顺序（如图 2-17 所示）。通常的原则是，将过滤频率较高的列放置在过滤频率较低的列之前，将基数高的列放置在基数低的列之前。这样做的好处是，充分利用过滤条件来缩小在 HBase 中扫描的范围，从而提高查询的效率。

　　第五页，为 Cube 配置参数。和其他 Hadoop 工具一样，Kylin 使用了很多配置参数以提高灵活性，用户可以根据具体的环境、场景等配置不同的参数进行调优。Kylin 全局的参数值可在 conf/kylin.properties 文件中进行配置；如果 Cube 需要覆盖全局设置的话，则需要在此页面中指定。单击 " +Property" 按钮，然后输入参数名和参数值，如图 2-18 所示，指定

"kylin.hbase.region.cut=1"，这样此 Cube 在存储的时候，Kylin 将会为每个 HTable Region 分配 1GB 来创建一个 HTable Region。

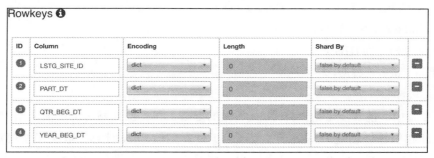

图 2-17　Rowkey 设置

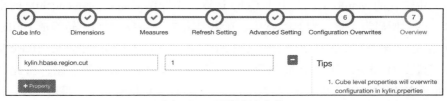

图 2-18　覆盖默认参数

　　然后单击 Next 跳转到最后一个确认页面，如有修改，则单击"Prev"按钮返回以修改，最后再单击"Save"按钮进行保存，一个 Cube 就创建完成了。创建好的 Cube 会显示在"Cubes"列表中，如要对 Cube 的定义进行修改，只需单击"Edit"按钮就可以进行修改。也可以展开此 Cube 行以查看更多的信息，如 JSON 格式的元数据、访问权限、通知列表等。

2.4　构建 Cube

> 🗂 **注意**　本节将快速介绍构建 Cube 相关的操作说明和设置，因受到篇幅的限制，许多具体内容无法深入展开，读者可以从后续的第 3 章和第 4 章中获得更详细的介绍。

　　新创建的 Cube 只有定义，而没有计算的数据，它的状态是"DISABLED"，是不会被查询引擎挑中的。要想让 Cube 有数据，还需要对它进行构建。Cube 的构建方式通常有两种：全量构建和增量构建；两者的构建步骤是完全一样的，区别只在于构建时读取的数据源是全集还是子集。

　　Cube 的构建包含如下步骤，由任务引擎来调度执行。

　　1）创建临时的 Hive 平表（从 Hive 读取数据）。

　　2）计算各维度的不同值，并收集各 Cuboid 的统计数据。

　　3）创建并保存字典。

4）保存 Cuboid 统计信息。

5）创建 HTable。

6）计算 Cube（一轮或若干轮 MapReduce）。

7）将 Cube 的计算结果转成 HFile。

8）加载 HFile 到 HBase。

9）更新 Cube 元数据。

10）垃圾回收。

以上步骤中，前 5 步是为计算 Cube 而做的准备工作，例如遍历维度值来创建字典，对数据做统计和估算以创建 HTable 等；第 6）步是真正的 Cube 计算，取决于所使用的 Cube 算法，它可能是一轮 MapReduce 任务，也可能是 N（在没有优化的情况下，N 可以被视作是维度数）轮迭代的 MapReduce。由于 Cube 运算的中间结果是以 SequenceFile 的格式存储在 HDFS 上的，所以为了导入到 HBase 中，还需要第 7）步将这些结果转换成 HFile（HBase 文件存储格式）。第 8）步通过使用 HBase BulkLoad 工具，将 HFile 导入进 HBase 集群，这一步完成之后，HTable 就可以查询到数据了。第 9）步更新 Cube 的数据，将此次构建的 Segment 的状态从 "NEW" 更新为 "READY"，表示已经可供查询了。最后一步，清理构建过程中生成的临时文件等垃圾，释放集群资源。

Monitor 页面会显示当前项目下近期的构建任务。图 2-19 显示了一个正在运行的 Cube 构建的任务，当前进度为 46% 多。

Cube Name: Filter...	Jobs in: LAST ONE WEEK	☐ NEW ☐ PENDING ☐ RUNNING ☐ FINISHED ☐ ERROR ☐ DISCARDED				
Job Name ⇕	Cube ⇕	Progress ⇕	Last Modified Time ▾	Duration ⇕	Actions	
sales_cube - 20120101000000_20120801000000 - BUILD - PDT 2016-06-19 06:50:58	sales_cube	46.67%	2016-06-19 05:53:34 PST	1.70 mins	Action ▾	⊙

图 2-19　任务列表

单击任务右边的 "⇕" 按钮，展开可以得到任务每一步的详细信息，如图 2-20 所示。

如果任务中的某一步是执行 Hadoop 任务的话，那么会显示 Hadoop 任务的链接，单击即可跳转到对应的 Hadoop 任务监测页面，如图 2-21 所示。

如果任务执行中的某一步出现报错，那么任务引擎会将任务状态置为 "ERROR" 并停止后续的执行，等待用户排错。在错误排除之后，用户可以单击 "Resume" 从上次失败的地方恢复执行。或者如果需要修改 Cube 或重新开始构建，那么用户需要单击 "Discard" 来丢弃此次构建。

图 2-20　任务步骤列表

接下来将介绍几种不同的构建方式。

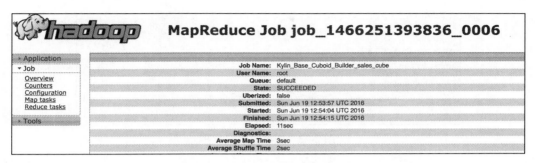

图 2-21　MapReduce 任务监测页面

2.4.1　全量构建和增量构建

1. 全量构建

对数据模型中没有指定分割时间列信息的 Cube，Kylin 会采用全量构建，即每次从 Hive 中读取全部的数据来开始构建。通常它适用于以下两种情形。

❑ 事实表的数据不是按时间增长的。

❑ 事实表的数据比较小或更新频率很低，全量构建不会造成太大的开销。

2. 增量构建

增量构建的时候，Kylin 每次都会从 Hive 中读取一个时间范围内的数据，然后进行计算，并以一个 Segment 的形式进行保存。下次再构建的时候，会自动以上次结束的时间为起点时间，再选择新的终止时间进行构建。经过多次构建，Cube 中将会有多个 Segment 依次按时间顺序进行排列，如 Seg-1, Seg-2, …, Seg-N。查询的时候，Kylin 会查询一个或多个 Segment 然后再做聚合计算，以便返回正确的结果给请求者。

使用增量构建的好处是，每次只需要对新增数据进行计算，从而避免了对历史数据进行重复计算。对于数据量很大的 Cube，使用增量构建是非常有必要的。

图 2-22 是构建一个 Segment 的 Cube 时的输入框，需要用户选择时间范围。

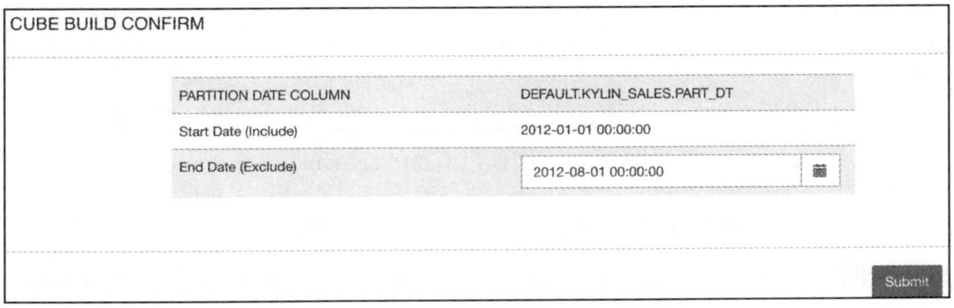

图 2-22　提交增量构建

在从 Hive 读取源数据的时候，Kylin 会带上此时间条件，如图 2-23 所示。

```
INSERT OVERWRITE TABLE kylin_intermediate_sales_cube_20120101000000_20120801000000 SELECT
KYLIN_SALES.LSTG_SITE_ID
,KYLIN_SALES.PART_DT
,KYLIN_CAL_DT.QTR_BEG_DT
,KYLIN_CAL_DT.YEAR_BEG_DT
,KYLIN_SALES.PRICE
,KYLIN_SALES.ITEM_COUNT
,KYLIN_SALES.SELLER_ID
FROM DEFAULT.KYLIN_SALES as KYLIN_SALES
INNER JOIN DEFAULT.KYLIN_CAL_DT as KYLIN_CAL_DT
ON KYLIN_SALES.PART_DT = KYLIN_CAL_DT.CAL_DT
WHERE (price > 0)  AND (KYLIN_SALES.PART_DT >= '2012-01-01' AND KYLIN_SALES.PART_DT < '2012-08-01')
;
```

图 2-23　增量构建的 SQL

> **注意** 增量构建抽取数据的范围，采用了前包后闭的原则，即包含了开始时间，但不包含结束时间，从而保证上一个 Segment 的结束时间与下一个 Segment 的起始时间相同，但数据不会重复。

下一次构建的时候，起始时间必须是上一次的结束时间。如果使用 Kylin 的 Web GUI 触发，那么起始时间会被自动填写，用户只需要选择结束时间。如果使用 Rest API 触发，用户则需要确保时间范围不会与已有的 Segment 有重合。

2.4.2　历史数据刷新

Cube 构建完成以后，如果某些历史数据发生了改动，那么需要针对相应的 Segment 进行重新计算，这种构建称为刷新。刷新通常只针对增量构建的 Cube 而言，因为全量构建的 Cube 只要重新全部构建就可以得到更新；而增量更新的 Cube 因为有多个 Segment，因此需要先选择要刷新的 Segment，然后再进行刷新。

图 2-24 是提交刷新的请求页面，用户需要在下拉列表中选择一个时间区间。

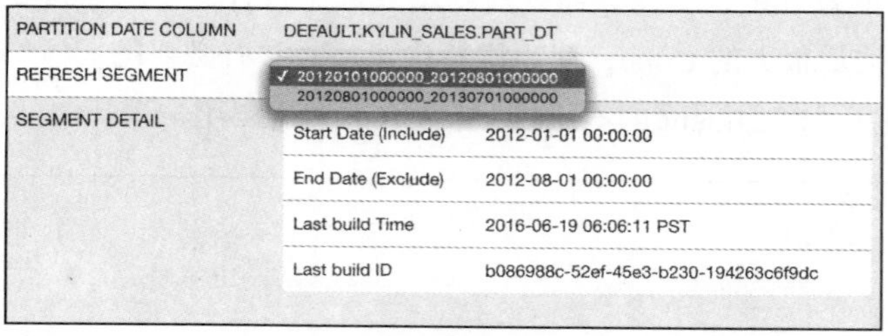

PARTITION DATE COLUMN	DEFAULT.KYLIN_SALES.PART_DT
REFRESH SEGMENT	✓ 20120101000000_20120801000000 20120801000000_20130701000000
SEGMENT DETAIL	
	Start Date (Include)　2012-01-01 00:00:00
	End Date (Exclude)　2012-08-01 00:00:00
	Last build Time　2016-06-19 06:06:11 PST
	Last build ID　b086988c-52ef-45e3-b230-194263c6f9dc

图 2-24　刷新已有的 Segment

提交以后，生成的构建任务与最初的构建任务完全一样。

在刷新的同时，Cube 仍然可以被查询，只不过返回的是陈旧数据。当 Segment 刷新完毕时，新的 Segment 会立即生效，查询开始返回最新的数据。老 Segment 则成为垃圾，等待回收。

2.4.3 合并

随着时间的迁移，Cube 中可能会存在较多数量的 Segment，使得查询性能下降，并且会给 HBase 集群管理带来压力。对此，需要适时地将一些 Segment 进行合并，将若干个小 Segment 合并成较大的 Segment。

合并的好处具体如下。

❑ 合并相同的 Key，从而减少 Cube 的存储空间。

❑ 由于 Segment 减少了，因此可以减少查询时
的二次聚合，提高了查询性能。

❑ HTable 的数量得以减少，更便于集群的管理。

下面来看看合并的操作步骤，图 2-25 中的 Cube
有两个 Segment。

现在触发一个合并，单击 Actions → Merge ；选
择要合并的起始 Segment 和结束 Segment，生成一个
合并的任务，如图 2-26 所示。

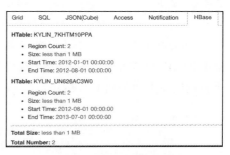

图 2-25　Cube Segment 列表

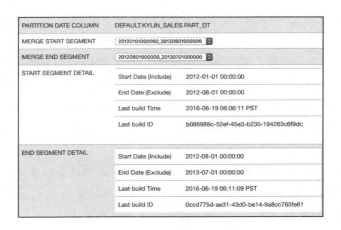

图 2-26　提交合并任务

合并的时候，Kylin 将直接以当初各个 Segment
构建时生成的 Cuboid 文件作为输入内容，而不需要
从 Hive 加载原始数据。后续的步骤跟构建时基本一
致。直到新的 HTable 加载完成后，Kylin 才会卸载旧
的 HTable，从而确保在整个合并过程中，Cube 都是
可以查询的。

合并完成之后，此 Cube 的 Segment 减少为 1 个，

图 2-27　合并后的 Segment

如图 2-27 所示。

2.5 查询 Cube

 注意 本节将简要介绍如何查询 Cube。更多内容请参考后续的章节（如第 5 章）。

Cube 构建好以后，状态变为"READY"，就可以进行查询了。Kylin 的查询语言是标准 SQL 的 SELECT 语句，这是为了获得与大多数 BI 系统和工具无缝集成的可能性。通常的一个查询语句类似于如下的 SQL：

```
SELECT DIM1, DIM2, …, MEASURE1, MEASURE2… FROM FACT_TABLE
    INNER JOIN LOOKUP_1 ON FACT_TABLE.FK1 = LOOKUP_1.PK
    INNER JOIN LOOKUP_2 ON FACT_TABLE.FK2 = LOOKUP_2.PK
WHERE FACT_TABLE.DIMN = '' AND …
    GROUP BY DIM1, DIM2…
```

需要了解的是，只有当查询的模式跟 Cube 定义相匹配的时候，Kylin 才能够使用 Cube 的数据来完成查询。Group By 的列和 Where 条件里的列，必须是在 Dimension 中定义的列，而 SQL 中的度量，应该跟 Cube 中定义的度量相一致。

在一个项目下，如果有多个基于同一模型的 Cube，而且它们都满足查询对表、维度和度量的要求；那么，Kylin 会挑选一个"最优的"Cube 来进行查询；这是一种基于成本（cost）的选择，Cube 的成本计算中包括多方面的因素，例如 Cube 的维度数、度量、数据模型的复杂度等。查询引擎将为每个 Cube 为完成此 SQL 估算一个成本值，然后选择成本最小的 Cube 来完成此查询。

如果查询是在 Kylin 的 Web GUI 上进行的，那么查询结果会以表的形式展现出来，如图 2-28 所示。所执行的 Cube 名称也会一同显示。用户可以单击"Visualization"按钮生成简单的可视化图形，或单击"Export"按钮将结果集下载到本地。

Status: Success	Project: learn_kylin	Cubes: kylin_sales_cube

Results (731)		📊 Visualization ⬇ Export ⤢

PART_DT ⌄	EXPR$1 ⌄	
2012-01-01·	12	
2012-01-02	17	
2012-01-03	14	
2012-01-04	10	
2012-01-05	18	

图 2-28　查询结果展示

2.6 SQL 参考

Apache Kylin 支持标准 SQL 作为查询语言，但是 SQL 有很多变体，Kylin 支持的只是 SQL 所有变体中的一个子集，并不是支持所有现存的 SQL 语句和语法。用户在使用 Kylin 之前，需要对 Kylin 所支持的 SQL 有一个了解，以避免走弯路。

首先，Kylin 作为 OLAP 引擎，只支持查询，而不支持其他操作，如插入、更新等，即所有的 SQL 都必须是 SELECT 语句，否则 Kylin 会报错。

第二，查询 Kylin 中 SQL 语句的表名、列名、度量、连接关系时，需要至少跟一个 Cube 的模型相匹配；在设计 Cube 的时候，需要充分考虑查询的需求，避免遗漏表、列等信息。

第三，Kylin 使用 Apache Calcite 做 SQL 语法分析。Apache Calcite 是一个开源的 SQL 引擎，它提供了标准 SQL 解析、多种查询优化和连接各种数据源的能力；Calcite 项目在 Hadoop 中越来越引人注意，并且已被众多项目集成为 SQL 解析器。

一条 SQL 语句首先需要被 Calcite 解析，然后才可以被 Kylin 执行。下面是 Calcite 中的 SELECT 语句的语法（引自 https://calcite.apache.org/docs/reference.html）：

```
SELECT [ STREAM ] [ ALL | DISTINCT ]
        { * | projectItem [, projectItem ]* }
    FROM tableExpression
    [ WHERE booleanExpression ]
    [ GROUP BY { groupItem [, groupItem ]* } ]
    [ HAVING booleanExpression ]
    [ WINDOW windowName AS windowSpec [, windowName AS windowSpec ]* ]

projectItem:
    expression [ [ AS ] columnAlias ]
  | tableAlias . *

tableExpression:
    tableReference [, tableReference ]*
  | tableExpression [ NATURAL ] [ LEFT | RIGHT | FULL ] JOIN tableExpression
[ joinCondition ]

joinCondition:
    ON booleanExpression
  | USING '(' column [, column ]* ')'
```

第四，不是所有的 Calcite 能够解析的 SELECT 语句都可以被 Kylin 执行；还有一些 SQL 功能，现阶段 Kylin（截止 v1.5.3）还不支持，未来会考虑加以实现，目前已知的有如下三项 SQL 功能。

❏ Window 函数：https://issues.apache.org/jira/browse/KYLIN-1732

❏ Union：https://issues.apache.org/jira/browse/KYLIN-1206

❏ Between AND: https://issues.apache.org/jira/browse/KYLIN-1770

上述三个功能已经在 Apache Kylin 主分支上得以实现，但目前（2016 年 8 月）还未包含在最新的发行版中。如无意外，应该会在下一个发行版中发布。

2.7 小结

本章介绍了使用 Apache Kylin 必备的基本概念，如星形数据模型、事实表、维表、维度、度量等，并在这些基础上快速创建了基于 Sample Data 的模型，构建 Cube，最后执行 SQL 查询。带领读者体验了 Apache Kylin 的主要使用过程。后续的章节将继续展开和探讨这个过程中的一些关键技术，比如增量构建、可视化和 Cube 优化等。

增 量 构 建

第 2 章介绍了如何构建 Cube 并利用其完成在线多维分析的查询。每次 Cube 的构建都会从 Hive 中批量读取数据，而对于大多数业务场景来说，Hive 中的数据处于不断增长的状态。为了支持 Cube 中的数据能够不断地得到更新，且无需重复地为已经处理过的历史数据构建 Cube，因此对于 Cube 引入了增量构建的功能。

我们将 Cube 划分为多个 Segment，每个 Segment 用起始时间和结束时间来标志。Segment 代表一段时间内源数据的预计算结果。在大部分情况下（例外情况见第 4 章"流式构建"），一个 Segment 的起始时间等于它之前那个 Segment 的结束时间，同理，它的结束时间等于它后面那个 Segment 的起始时间。同一个 Cube 下不同的 Segment 除了背后的源数据不同之外，其他如结构定义、构建过程、优化方法、存储方式等都完全相同。

本章将首先介绍如何设计并创建能够增量构建的 Cube，然后介绍实际测试或生产环境中触发增量构建的方法，最后将会介绍如何处理由于增量构建而导致的 Segment 碎片，以保持 Kylin 的查询性能。

3.1 为什么要增量构建

全量构建可以看作增量构建的一种特例：在全量构建中，Cube 中只存在唯一的一个 Segment，该 Segment 没有分割时间的概念，因此也就没有起始时间和结束时间。全量构建和增量构建各有其适用的场景，用户可以根据自己的业务场景灵活地进行切换。全量构建和增量构建的详细对比如表 3-1 所示。

表 3-1 全量构建和增量构建的对比

全量构建	增量构建
每次更新时都需要更新整个数据集	每次只对需要更新的时间范围进行更新，因此离线计算量相对较小
查询时不需要合并不同 Segment 的结果	查询时需要合并不同 Segment 的结果，因此查询性能会受到影响
不需要后续的 Segment 合并	累计一定量的 Segment 之后，需要进行合并
适合小数据量或全表更新的 Cube	适合大数据量的 Cube

对于全量构建来说，每当需要更新 Cube 数据的时候，它不会区分历史数据和新加入的数据，也就是说，在构建的时候会导入并处理所有的原始数据。而增量构建只会导入新 Segment 指定的时间区间内的原始数据，并只对这部分原始数据进行预计算。为了验证这个区别，可以到 Kylin 的 Monitor 页面观察构建的第二步——创建 Hive 中间表（Create Intermediate Flat Hive Table），单击纸张形的 LOG 按钮即可观察该步骤的参数：

```
INSERT OVERWRITE TABLE
kylin_intermediate_test_kylin_cube_without_slr_left_join_desc_20120601000000_2013
0101000000 SELECT
TEST_KYLIN_FACT.CAL_DT
,TEST_KYLIN_FACT.LEAF_CATEG_ID
,TEST_KYLIN_FACT.LSTG_SITE_ID
,TEST_CATEGORY_GROUPINGS.META_CATEG_NAME
,TEST_CATEGORY_GROUPINGS.CATEG_LVL2_NAME
,TEST_CATEGORY_GROUPINGS.CATEG_LVL3_NAME
,TEST_KYLIN_FACT.LSTG_FORMAT_NAME
,TEST_KYLIN_FACT.SLR_SEGMENT_CD
,TEST_KYLIN_FACT.PRICE
,TEST_KYLIN_FACT.ITEM_COUNT
,TEST_KYLIN_FACT.SELLER_ID
,TEST_SITES.SITE_NAME
FROM DEFAULT.TEST_KYLIN_FACT as TEST_KYLIN_FACT
LEFT JOIN EDW.TEST_CAL_DT as TEST_CAL_DT
ON TEST_KYLIN_FACT.CAL_DT = TEST_CAL_DT.CAL_DT
LEFT JOIN DEFAULT.TEST_CATEGORY_GROUPINGS as TEST_CATEGORY_GROUPINGS
ON TEST_KYLIN_FACT.LEAF_CATEG_ID = TEST_CATEGORY_GROUPINGS.LEAF_CATEG_ID AND
TEST_KYLIN_FACT.LSTG_SITE_ID = TEST_CATEGORY_GROUPINGS.SITE_ID
LEFT JOIN EDW.TEST_SITES as TEST_SITES
ON TEST_KYLIN_FACT.LSTG_SITE_ID = TEST_SITES.SITE_ID
LEFT JOIN EDW.TEST_SELLER_TYPE_DIM as TEST_SELLER_TYPE_DIM
ON TEST_KYLIN_FACT.SLR_SEGMENT_CD = TEST_SELLER_TYPE_DIM.SELLER_TYPE_CD
WHERE (TEST_KYLIN_FACT.CAL_DT >= '2012-06-01' AND TEST_KYLIN_FACT.CAL_DT <
'2013-01-01')
    distribute by rand();
```

该构建任务对应于名为 test_kylin_cube_without_slr_left_join_empty 的 Cube 构建，其 Segment 所包含的时间段为从 2012-06-01（包含）到 2013-01-01（不包含），可以看到在导入数据的 Hive 命令中带入了包含这两个日期的过滤条件，以此保证后续构建的输入仅包含 2012-06-01 到 2013-01-01 这段时间内的数据。这样的过滤能够减少增量构建在后续的预计算中所需要处理的数据规模，有利于减少集群的计算量，加速 Segment 构建的时间。

其次，增量构建的 Cube 和全量构建的 Cube 在查询时也有不同。对于增量构建的 Cube，由于不同时间的数据分布在不同的 Segment 之中，因此为了获得完整的数据，查询引擎需要向存储引擎请求读取各个 Segment 的数据。当然，查询引擎会根据查询中的条件自动跳过不感兴趣的 Segment。对于全量构建的 Cube，查询引擎只需要向存储引擎访问单个 Segment 所对应的数据，从存储层返回的数据无需进行 Segment 之间的聚合，但是这也并非意味着查询全量构建的 Cube 不需要查询引擎做任何额外的聚合，为了加强性能，单个 Segment 的数据也有可能被分片存储到引擎的多个分区上（参考第 6 章），从而导致查询引擎可能仍然需要对单个 Segment 不同分区的数据做进一步的聚合。当然，整体来说，增量构建的 Cube 上的查询会比全量构建的做更多的运行时聚合，而这些运行时聚合都发生在单点的查询引擎之上，因此通常来说增量构建的 Cube 上的查询会比全量构建的 Cube 上的查询要慢一些。

可以看到，日积月累，增量构建的 Cube 中的 Segment 越来越多，根据上一段的分析可以猜测到该 Cube 的查询性能也会越来越慢，因为需要在单点的查询引擎中完成越来越多的运行时聚合。为了保持查询性能，Cube 的管理员需要定期地将某些 Segment 合并在一起，或者让 Cube 根据 Segment 保留策略自动地淘汰那些不会再被查询到的陈旧 Segment。关于这部分的详细内容会在 3.4.1 节中展开详细讨论。

最后，我们可以得到这样的结论：对于小数据量的 Cube，或者经常需要全表更新的 Cube，使用全量构建需要更少的运维精力，以少量的重复计算降低生产环境中的维护复杂度。而对于大数据量的 Cube，例如，对于一个包含两年历史数据的 Cube，如果需要每天更新，那么每天为了新数据而去重复计算过去两年的数据就会变得非常浪费，在这种情况下需要考虑使用增量构建。

3.2　设计增量 Cube

3.2.1　设计增量 Cube 的前提

并非所有的 Cube 都适用于增量构建，Cube 的定义必须包含一个时间维度，用来分割不同的 Segment，我们将这样的维度称为分割时间列（Partition Date Column）。尽管由于历史原因该命名中存在"date"的字样，但是分割时间列既可以是 Hive 中的 Date 类型、也可以是 Timestamp 类型或 String 类型。无论是哪种类型，Kylin 都要求用户显式地指定分割时间列的数据格式，例如精确到年月日的 Date 类型（或者 String 类型）的数据格式可能是 yyyyMMdd 或 yyyy-MM-dd，如果是精确到时分秒的 Timestamp 类型（或者 String 类型），那么数据格式可能是 YYYY-MM-DD HH:MM:SS。

在一些场景中，时间由长整数 Unix Time 来表示，由于对该类型的支持存在争议（详情可参见 https://issues.apache.org/jira/browse/KYLIN-1698），因此在目前的版本中并不支持使用长整数类型作为分割时间列。作为一种变通的方法，可以在 ETL 过程中克服这个问题。具体来说，就是在 Hive 中为包含长整数时间列的表创建一个视图，将长整数时间列转化为符合 Kylin 规范的任意类型，在后续的 Cube 设计中，应使用该视图而不是原始的表。

满足了设计增量 Cube 的前提之后，在进行增量构建时，将增量部分的起始时间和结束时间作为增量构建请求的一部分提交给 Kylin 的任务引擎，任务引擎会根据起始时间和结束时间从 Hive 中抽取相应时间的数据，并对这部分数据做预计算处理，然后将预计算的结果封装成为一个新的 Segment，并将相应的信息保存到元数据和存储引擎中。一般来说，增量部分的起始时间等于 Cube 中最后一个 Segment 的结束时间。

3.2.2　增量 Cube 的创建

创建增量 Cube 的过程和创建普通 Cube 的过程基本类似，只是增量 Cube 会有一些额外的配置要求。

1. Model 层面的设置

每个 Cube 背后都关联着一个 Model，Cube 之于 Model 就好像 Java 中的 Object 之于 Class。如同 3.2.1 节中所描述的，增量构建的 Cube 需要指定分割时间列。同一个 Model 下不同分割时间列的定义应该是相同的，因此我们将分割时间列的定义放到了 Model 之中。Model 的创建和修改在第 2 章中已经介绍过，这里将跳过重复的部分，直接进入 Model Designer 的最后一步 Settings 来添加分割时间列，如图 3-1 所示。

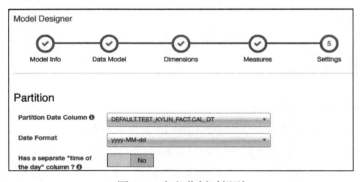

图 3-1　定义分割时间列

目前分割时间列必须是事实表上的列，且它的格式必须满足 3.2.1 节中所描述的要求。一般来说如果年月日已经足够帮助分割不同的 Segment，那么在大部分情况下日期列是分割时间列的首选。当用户需要更细的分割粒度时，例如用户需要每 6 小时增量构建一个新的 Segment，那么对于这种情况，则需要挑选包含年月日时分秒的列作为分割时间列。

在一些用户场景中，年月日和时分秒并不体现在同一个列上，例如在用户的事实表上有两个列，分别是"日期"和"时间"，分别保存记录发生的日期（年月日）和时间（时分秒），对于这样的场景，允许用户指定一个额外的分割时间列来指定除了年月日之外的时分秒信息。为了区分，我们将之前的分割时间列称为常规分割时间列，将这个额外的列称为补充分割时间列。在勾选了"Has a separate "time of the day" column？"选项之后（如图 3-2 所示），用户可以

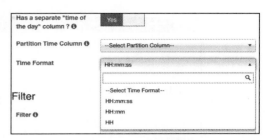

图 3-2　补充时间分割列

选择一个符合时分秒时间格式的列作为补充的分割时间列。由于日期的信息已经体现在了常规的分割时间列之上，因此补充的分割时间列中不应该再具有日期的信息。反过来说，如果这个列中既包含年月日信息，又包含时分秒信息，那么用户应该将它指定为格式是 YYYY-MM-DD HH:MM:SS 的常规分割时间列，而不需要勾选"Has a separate "time of the day"column？"。在大部分场景下用户可以跳过补充分割时间列。

2. Cube 层面的设置

Cube 的创建和修改在第 2 章中已经做过介绍，这里将跳过重复的部分，直接进入 Cube Designer 的"Refresh Settings"。这里的设置目前包含"Auto Merge Thresholds"、"Retention Threshold"和"Partition Start Date"。"Partition Start Date"是指 Cube 默认的第一个 Segment 的起始时间。同一个 Model 下不同的 Cube 可以指定不同的起始时间，因此该设置项出现在 Cube Designer 之中。"Auto Merge Thresholds"用于指定 Segment 自动合并的阈值，而"Retention Threshold"则用于指定将过期的 Segment 自动抛弃。3.4 节将详细介绍这两个功能。

3.3　触发增量构建

3.3.1　Web GUI 触发

在 Web GUI 上触发 Cube 的增量构建与触发全量构建的方式基本相同。在 Web GUI 的 Model 页面中，选中想要增量构建的 Cube，单击 Action → Build，如图 3-3 所示。

不同于全量构建，增量构建的 Cube 会在此时弹出对话框让用户选择"End Date"（如图 3-4 所示），目前 Kylin 要求增量 Segment 的起始时间等于 Cube 中最后一个 Segment 的结束时间，因此当我们为一个已经有 Segment 的 Cube 触发增量构建的时候，"Start Date"的值已经被确定，且不能修改。如果在触发增量构建的时候 Cube 中不存在任何的 Segment，那么

"Start Date"的值会被系统设置为"Partition Start Date"的值（参见 3.2.2 节）。

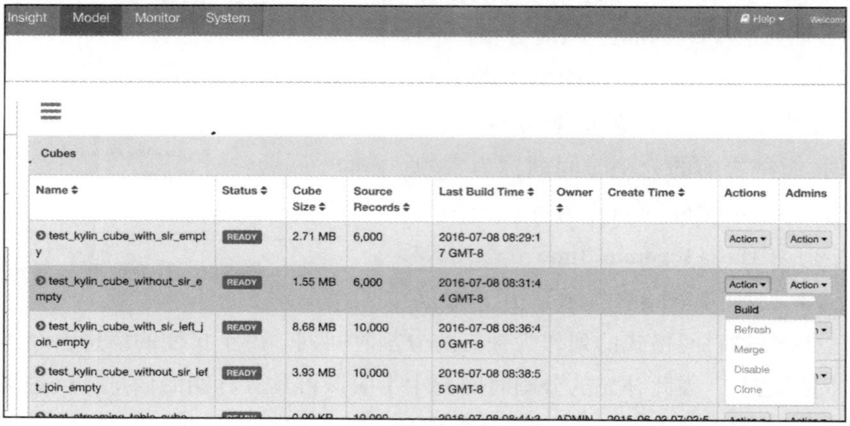

图 3-3　触发增量构建

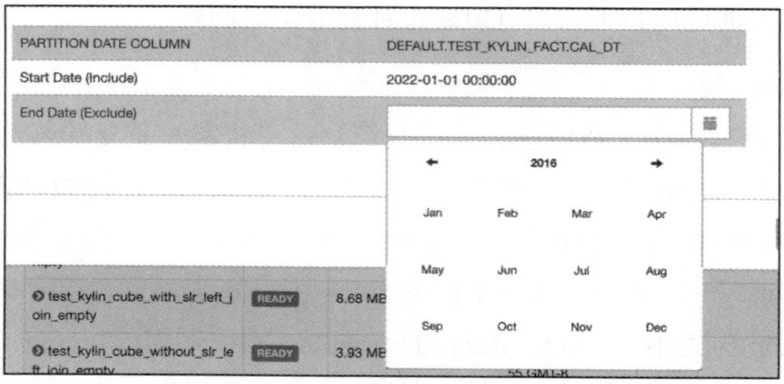

图 3-4　选择增量构建 End Date

仅当 Cube 中不存在任何 Segment，或者不存在任何未完成的构建任务时，Kylin 才接受该 Cube 上新的构建任务。未完成的构建任务不仅包含正在运行中的构建任务，还包括已经出错并处于 ERROR 状态的构任务。如果存在一个 ERROR 状态的构建任务，那么用户需要先处理好该构建任务，然后才能成功地向 Kylin 提交新的构建任务。处理 ERROR 状态的构建任务的方式有两种：比较正常的做法是首先在 Web GUI 或后台的日志中查找构建失败的原因，解决问题后回到 Monitor 页面，选中失败的构建任务，单击 Action → Resume，恢复该构建任务的执行。我们知道构建任务分为多个子步骤，Resume 操作会跳过之前所有已经成功了的子步骤，直接从第一个失败的子步骤重新开始执行。举例来说，如果某次构建任务失败，我们在后台 Hadoop 的日志中发现失败的原因是由于 Mapper 和 Reducer 分配的内存过小导致了内存溢出，那么我们可以在更新了 Hadoop 相关的配置之后再恢复失败的构建任务。

3.3.2 构建相关的 Rest API

Kylin 提供了 Rest API 以帮助自动化地触发增量构建。该 API 同样也适用于非增量构建的 Cube。关于 Kylin API 的更详细的介绍可以参见 Kylin 官网: http://kylin.apache.org/docs15/howto/howto_build_cube_with_restapi.html 和 http://kylin.apache.org/docs15/howto/howto_use_restapi.html。

本节将着重介绍增量构建相关的 API。事实上我们在 Web GUI 上进行的所有操作,其背后调用的都是同一套 Rest API,所以在使用 Rest API 触发构建的时候,应当谨记之前进行 Web GUI 构建时所遇到的限制和经验。

1. 获取 Segment 列表

首先可以通过以下的 Rest API 来获取某个 Cube 所包含的所有的 Segment 列表信息。返回的列表信息可以帮助客户端分析 Cube 的状态,并且决定下一步增量构建的参数:

```
GET http://hostname:port/kylin/api/Cubes?CubeName={CubeName}
```

Path Variable
CubeName - 必须的,Cube 名字

举例而言,假设在本地的 7070 端口启动了 Kylin Server,那么可以通过如下的 Rest 请求获取名为 test_kylin_cube_without_slr_empty 的 Cube 的 Segment 列表:

```
curl -X GET -H "Authorization: Basic QURNSU46S1lMSU4=" -H "Content-Type:
application/json" http://localhost:7070/kylin/api/Cubes?CubeName=test_kylin_cube_
without_slr_empty
```

格式化之后,该请求的返回结果如下所示:

```
[
    {
        "uuid": "daa53e80-41be-49a5-90ca-9fb7294db186",
        "version": "1.5.3",
        "name": "test_kylin_cube_without_slr_empty",
        "owner": null,
        "cost": 50,
        "status": "READY",
        "segments": [
            {
                "uuid": "f492158b-0910-4ced-bc51-26e78b9b8b81",
                "name": "19700101000000_20220101000000",
                "status": "READY",
                "dictionaries": {
                    "DEFAULT.TEST_KYLIN_FACT/LSTG_SITE_ID": "/dict/EDW.TEST_SITES/
SITE_ID/a9f93c23-9eca-4e2e-a814-17b81344a816.dict",
                    "DEFAULT.TEST_CATEGORY_GROUPINGS/CATEG_LVL2_NAME": "/dict/DEFAULT.
TEST_CATEGORY_GROUPINGS/CATEG_LVL2_NAME/58372aa5-6d42-4045-a32f-e6ae41c219a8.dict",
```

```
                    "DEFAULT.TEST_KYLIN_FACT/LSTG_FORMAT_NAME": "/dict/DEFAULT.
TEST_KYLIN_FACT/LSTG_FORMAT_NAME/2e2e8137-5600-4c63-ba3f-3f382f452227.dict",
                    "DEFAULT.TEST_KYLIN_FACT/LEAF_CATEG_ID": "/dict/DEFAULT.TEST_
CATEGORY_GROUPINGS/LEAF_CATEG_ID/ee675200-8c5c-4112-99fa-763bb0aa689a.dict",
                    "DEFAULT.TEST_CATEGORY_GROUPINGS/META_CATEG_NAME": "/dict/DEFAULT.
TEST_CATEGORY_GROUPINGS/META_CATEG_NAME/8bc37a42-5577-4c18-b6a5-bd1c7eb55c73.dict",
                    "DEFAULT.TEST_KYLIN_FACT/SLR_SEGMENT_CD": "/dict/EDW.TEST_SELLER_
TYPE_DIM/SELLER_TYPE_CD/0c356b8c-74fa-4e58-b8b8-bbbd5095a6be.dict",
                    "DEFAULT.TEST_KYLIN_FACT/CAL_DT": "/dict/EDW.TEST_CAL_DT/CAL_
DT/5e4b4f35-0fc8-4940-b123-b18c9f77da19.dict",
                    "DEFAULT.TEST_KYLIN_FACT/PRICE": "/dict/DEFAULT.TEST_KYLIN_FACT/
PRICE/94d429fc-60ef-4635-af1e-2b47679bb494.dict",
                    "DEFAULT.TEST_CATEGORY_GROUPINGS/CATEG_LVL3_NAME": "/dict/DEFAULT.
TEST_CATEGORY_GROUPINGS/CATEG_LVL3_NAME/759e5fd6-9c7e-47ed-9293-e7c8695b6bb4.dict"
                },
                "snapshots": {
                    "EDW.TEST_SITES": "/table_snapshot/test_sites/1c3d3b91-8afa-
4d12-8743-5376133185eb.snapshot",
                    "EDW.TEST_CAL_DT": "/table_snapshot/test_cal_dt/96a2ad25-4279-
4c7f-9c0a-7e1f0132ae77.snapshot",
                    "DEFAULT.TEST_CATEGORY_GROUPINGS": "/table_snapshot/test_category
_groupings/3ed9f146-2a8b-4bdb-8899-45f2d765c25a.snapshot",
                    "EDW.TEST_SELLER_TYPE_DIM": "/table_snapshot/test_seller_type_
dim/f7f7b3c8-cfe8-49ea-8230-8c296d0e03ef.snapshot"
                },
                "storage_location_identifier": "KYLIN_KZO9NPAWGC",
                "date_range_start": 0,
                "date_range_end": 1640995200000,
                "source_offset_start": 0,
                "source_offset_end": 0,
                "size_kb": 1589,
                "input_records": 6000,
                "input_records_size": 154637,
                "last_build_time": 1467995504950,
                "last_build_job_id": "f3f49487-e5bc-4fd0-a571-58c13c9311e9",
                "create_time_utc": 1467995076271,
                "cuboid_shard_nums": {},
                "total_shards": 1,
                "blackout_cuboids": [],
                "binary_signature": null,
                "index_path": "/kylin/kylin_metadata/kylin-f3f49487-e5bc-4fd0-a571-
58c13c9311e9/test_kylin_cube_without_slr_empty/secondary_index/",
                "rowkey_stats": [
                    [
                        "LEAF_CATEG_ID",
                        134,
                        1
                    ],
                    [
                        "META_CATEG_NAME",
                        44,
```

```
                            1
                        ],
                        [
                            "CATEG_LVL2_NAME",
                            94,
                            1
                        ],
                        [
                            "CATEG_LVL3_NAME",
                            127,
                            1
                        ],
                        [
                            "LSTG_SITE_ID",
                            262,
                            2
                        ],
                        [
                            "SLR_SEGMENT_CD",
                            8,
                            1
                        ],
                        [
                            "CAL_DT",
                            3652427,
                            3
                        ],
                        [
                            "LSTG_FORMAT_NAME",
                            5,
                            1
                        ],
                        [
                            "PRICE",
                            5999,
                            2
                        ]
                    ]
                }
            ],
            "last_modified": 1467995504950,
            "descriptor": "test_kylin_cube_without_slr_desc",
            "create_time_utc": 0,
            "size_kb": 1589,
            "input_records_count": 6000,
            "input_records_size": 154637
        }
    ]
]
```

尽管输出比较复杂，但是我们仍然能够迅速地观察到当前的 test_kylin_cube_without_slr_

empty 包含一个 Segment，该 Segment 的分割时间为 1970-01-01 到 2022-01-01。我们还能看到该 Segment 的状态（"status"）均为 READY，表示这个 Segment 背后的构建任务均已正常完成，并且这个 Segment 已经可以正常使用。

2. 获取构建任务详情

如果 Segment 的状态显示为"NEW"，则说明该 Segment 背后的构建任务尚未完成，需要提取该构建任务的标识符（job id），即 Segment 中的 last_build_job_id 字段的值，然后以此为参数向 Kylin 提交如下的 Rest 请求以获取该构建任务的详情：

```
GET http://hostname:port/kylin/api/jobs/{job_uuid}
```

Path Variable
Job_uuid - 必需的，构建任务标识符

该请求的返回会带上相应的任务步骤清单，步骤中可能包含 MapReduce 作业或其他作业。每一个步骤都有相应的状态信息"step_status"。

❑ PENDING：表示该步骤处于等待被执行的状态。

❑ RUNNING：表示该步骤处于执行状态。

❑ ERROR：表示该步骤的执行已经结束，并且该步骤执行失败。

❑ DISCARDED：表示该步骤由于这个构建任务被取消而处于取消状态。

❑ FINISHED：表示该步骤的执行已经结束，并且该步骤执行成功。

test_kylin_cube_without_slr_empty 的 第 一 个 Segment 的 last_build_job_id 为 f3f49487-e5bc-4fd0-a571-58c13c9311e9，通过以上的 Rest 接口可以得到如下的结果：

```
{
    "uuid": "f3f49487-e5bc-4fd0-a571-58c13c9311e9",
    "version": "1.5.3",
    "name": "test_kylin_cube_without_slr_empty - 19700101000000_20220101000000 - BUILD -
GMT-08:00 2016-07-08 08:24:36",
    "type": "BUILD",
    "duration": 393,
    "steps": [
        {
            "id": "f3f49487-e5bc-4fd0-a571-58c13c9311e9-00",
            "name": "Count Source Table",
            "info": {
                "endTime": "1467995164094",
                "source_records_size": "571743",
                "mr_job_id": "job_1466095360365_0611",
                "hdfs_bytes_written": "6",
                "yarn_application_tracking_url": "http://sandbox.hortonworks.com:
8088/proxy/application_1466095360365_0611/",
                "startTime": "1467995122900"
```

```
                },
                "interruptCmd": null,
                "sequence_id": 0,
                "exec_cmd": "hive -e \"SET dfs.replication=2;\nSET hive.exec.compress.
output=true;\nSET hive.auto.convert.join.noconditionaltask=true;\nSET hive.
auto.convert.join.noconditionaltask.size=300000000;\nSET hive.merge.size.per.
task=32000000;\n\nset hive.exec.compress.output=false;\n\ndfs -mkdir -p /kylin/
kylin_metadata/kylin-f3f49487-e5bc-4fd0-a571-58c13c9311e9/row_count;INSERT OVERWRITE
DIRECTORY '/kylin/kylin_metadata/kylin-f3f49487-e5bc-4fd0-a571-58c13c9311e9/row_count'
SELECT count(*) from DEFAULT.TEST_KYLIN_FACT TEST_KYLIN_FACT\nWHERE (TEST_KYLIN_FACT.
CAL_DT < '2022-01-01')\n\n\"",
                "interrupt_cmd": null,
                "exec_start_time": 1467995122900,
                "exec_end_time": 1467995164094,
                "exec_wait_time": 0,
                "step_status": "FINISHED",
                "cmd_type": "SHELL_CMD_HADOOP",
                "run_async": false
            },
            {
                "id": "f3f49487-e5bc-4fd0-a571-58c13c9311e9-01",
                "name": "Create Intermediate Flat Hive Table",
                "info": {
                    "endTime": "1467995223284",
                    "startTime": "1467995164168"
                },
                "interruptCmd": null,
                "sequence_id": 1,
                "exec_cmd": null,
                "interrupt_cmd": null,
                "exec_start_time": 1467995164168,
                "exec_end_time": 1467995223284,
                "exec_wait_time": 0,
                "step_status": "FINISHED",
                "cmd_type": "SHELL_CMD_HADOOP",
                "run_async": false
            },

    ...

            {
                "id": "f3f49487-e5bc-4fd0-a571-58c13c9311e9-16",
                "name": "Garbage Collection",
                "info": {
                    "endTime": "1467995516662",
                    "startTime": "1467995505050"
                },
                "interruptCmd": null,
                "sequence_id": 16,
                "exec_cmd": null,
```

```
            "interrupt_cmd": null,
            "exec_start_time": 1467995505050,
            "exec_end_time": 1467995516662,
            "exec_wait_time": 0,
            "step_status": "FINISHED",
            "cmd_type": "SHELL_CMD_HADOOP",
            "run_async": false
        }
    ],
    "submitter": "TEST",
    "progress": 100,
    "last_modified": 1467995516721,
    "related_cube": "test_kylin_cube_without_slr_empty",
    "related_segment": "f492158b-0910-4ced-bc51-26e78b9b8b81",
    "exec_start_time": 0,
    "exec_end_time": 0,
    "mr_waiting": 94,
    "job_status": "FINISHED"
}
```

由于篇幅的限制，此处省略了中间 14 个子步骤的信息，但是仍然可以观察到每个子步骤的信息都描述了步骤的参数等元信息，另外每个子步骤还有一个唯一的字符串标识符"id"。这些信息可以帮助快速定位问题的所在。

3. 获取构建步骤的输出

一般情况下，构建触发的客户端会首先获取 Cube 的 Segment 列表，如果所有 Segment 的状态都是 READY，那么客户端就可以开始构建新的 Segment。反之，如果存在状态不是 READY 的 Segment，那么客户端需要获取构建任务详情来观察各个子步骤的状态：如果某个子步骤的状态为 ERROR，或者长时间 PENDING，或者运行了非常长的时间，那么客户端有必要检查一下该步骤中究竟正在发生什么。Kylin 提供了另外一个 Rest 接口允许用户获取构建任务中某个特定子步骤的输出，接口的请求如下：

```
GET http://hostname:port/kylin/api/jobs/{job_uuid}/steps/{step_id}/output
```

Path Variable
Job_uuid – 必需的，构建任务标识符
Step_id – 必需的，构建任务子步骤标识符

该接口的输出为该步骤的日志，根据输出的结果，用户可以在触发构建的客户端中找到问题并修复问题，并且可调用以下的 RESUME Rest 接口重新执行该次构建任务。RESUME 接口会跳过之前所有已经成功了的子步骤，直接从第一个失败的子步骤开始重新执行：

```
PUT http://hostname:port/kylin/api/jobs/{job_uuid}/resume
```

Path Variable
Job_uuid – 必需的，构建任务标识符

由于自动修复的复杂性，触发构建的客户端也可以选择只向管理员发送邮件通知该次失败。Kylin 服务器中自带的 Web GUI 客户端中暂时没有自动修复的逻辑，在遇到构建失败的情况时，Web GUI 会根据 Cube 层面的配置向不同的人员发送构建失败的消息，并且将整个构建任务置于 ERROR 状态，并等待管理人员重新登录 Web GUI 查看详情。关于出错时通知方式的配置可以参考第 10 章。

4. 触发构建

首先介绍一下具体的 API 规范，代码如下：

```
PUT http://hostname:port/kylin/api/Cubes/{CubeName}/rebuild
```

```
Path Variable
CubeName - 必需的，Cube 名字
Request Body
startTime - 必需的，长整数类型的起始时间，例如使用 1388563200000 代表起始时间为 2014-01-01
endTime - 必需的，长整数类型的结束时间
buildType - 必需的，构建类型，可能的值为 ‘BUILD’ ‘MERGE’ 和 ‘REFRESH’，分别对应于新建 Segment、合并多个 Segment，以及刷新某个 Segment
```

举例而言，假设在本地的 7070 端口启动了 Kylin Server，那么可以通过如下的 Rest 请求申请名为 test_kylin_cube_without_slr_empty 的 Cube，用于增量地构建 [2022-01-01, 2023-01-01) 这个时间段的新 Segment：

```
curl -X PUT -H "Authorization: Basic QURNSU46S1lMSU4=" -H "Content-Type:
application/json" -d '{"startTime": 1640995200000, "endTime": 1672560000000, "buildType":
"BUILD"}' http://localhost:7070/kylin/api/Cubes/test_kylin_cube_without_slr_empty/rebuild
```

如果当前 Cube 不存在任何 Segment，那么可以将 startTime 设置为 0，这样 kylin 就会自动选择 Cube 的 Partition Start Date（见 3.2.2 节）作为 startTime。如果当前 Cube 不为空，那么对于 BUILD 类型的构建任务，请求中的 startTime 必须等于最后一个 Segment 的 endTime，否则请求会返回 500 错误。

3.4　管理 Cube 碎片

增量构建的 Cube 每天都可能会有新的增量。日积月累，这样的 Cube 中最终可能包含上百个 Segment，这将会导致查询性能受到严重的影响，因为运行时的查询引擎需要聚合多个 Segment 的结果才能返回正确的查询结果。从存储引擎的角度来说，大量的 Segment 会带来大量的文件，这些文件会充斥所提供的命名空间，给存储空间的多个模块带来巨大的压力，例如 Zookeeper、HDFS Namenode 等。因此，有必要采取措施控制 Cube 中 Segment 的数量。

另外，有时候用户场景并不能完美地符合增量构建的要求，由于 ETL 过程存在延迟，

数据可能一直在持续地更新，有时候用户不得不在增量更新已经完成后又回过头来刷新过去
已经构建好了的增量 Segment，对于这些问题，需要在设计 Cube 的时候提前进行考虑。

3.4.1　合并 Segment

Kylin 提供了一种简单的机制用于控制 Cube 中 Segment 的数量：合并 Segments。在
Web GUI 中选中需要进行 Segments 合并的 Cube，单击 Action → Merge，然后在对话框中选
中需要合并的 Segment，可以同时合并多个 Segment，但是这些 Segment 必须是连续的。单
击提交后系统会提交一个类型为"MERGE"的构建任务，它以选中的 Segment 中的数据作
为输入，将这些 Segment 的数据合并封装成为一个新的 Segment（如图 3-5 所示）。这个新
的 Segment 的起始时间为选中的最早的 Segment 的起始时间，它的结束时间为选中的最晚的
Segment 的结束时间。

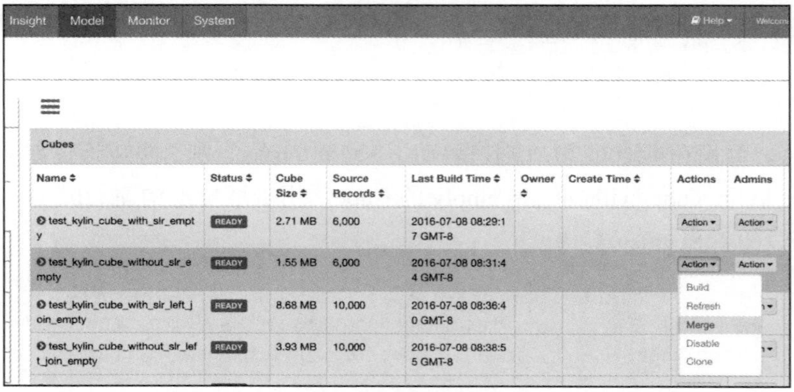

图 3-5　合并 Segment

在 MERGE 类型的构建完成之前，系统将不允许提交这个 Cube 上任何类型的其他构建
任务。但是在 MERGE 构建结束之前，所有选中用来合并的 Segment 仍然处于可用的状态。
当 MERGE 构建结束的时候，系统将选中合并的 Segment 替换为新的 Segment，而被替换下
的 Segment 等待将被垃圾回收和清理，以节省系统资源。

用户也可以使用 Rest 接口触发合并 Segments，该 API 在之前的触发增量构建中也已经
提到过：

```
PUT http://hostname:port/kylin/api/Cubes/{CubeName}/rebuild
```

```
Path Variable
CubeName － 必须的，Cube 名字
Request Body
startTime － 必须的，长整数类型的起始时间，例如使用 1388563200000 代表起始时间为 2014-01-01
endTime － 必须的，长整数类型的结束时间
buildType － 必须的，构建类型，可能的值为 'BUILD' 'MERGE' 和 'REFRESH'，分别对应于新建
```

Segment、合并多个 Segment，以及刷新某个 Segment

我们需要将 buildType 设置为 MERGE，并且将 startTime 设置为选中的需要合并的最早的 Segment 的起始时间，将 endTime 设置为选中的需要合并的最晚的 Segment 的结束时间。

合并 Segment 非常简单，但是需要 Cube 管理员不定期地手动触发合并，尤其是当生产环境中存在大量的 Cube 时，对每一个 Cube 单独触发合并操作会变得非常繁琐，因此，Kylin 也提供了其他的方式来管理 Segment 碎片。

3.4.2 自动合并

在 3.2.2 节中曾提到过，在 Cube Designer 的"Refresh Settings"的页面中有"Auto Merge Thresholds"和"Retention Threshold"两个设置项可以用来帮助管理 Segment 碎片。虽然这两项设置还不能完美地解决所有业务场景的需求，但是灵活地搭配使用这两项设置可以大大减少对 Segment 进行管理的麻烦。

"Auto Merge Thresholds"允许用户设置几个层级的时间阈值，层级越靠后，时间阈值就越大。举例来说，用户可以为一个 Cube 指定（7 天、28 天）这样的层级。每当 Cube 中有新的 Segment 状态变为 READY 的时候，就会触发一次系统试图自动合并的尝试。系统首先会尝试最大一级的时间阈值，结合上面的（7 天、28 天）层级的例子，首先查看是否能将连续的若干个 Segment 合并成为一个超过 28 天的大 Segment，在挑选连续 Segment 的过程中，如果遇到已经有个别 Segment 的时间长度本身已经超过了 28 天，那么系统会跳过该 Segment，从它之后的所有 Segment 中挑选连续的累积超过 28 天的 Segment。如果满足条件的连续 Segment 还不能够累积超过 28 天，那么系统会使用下一个层级的时间阈值重复寻找的过程。每当找到了能够满足条件的连续 Segment，系统就会触发一次自动合并 Segment 的构建任务，在构建任务完成之后，新的 Segment 被设置为 READY 状态，自动合并的整套尝试又需要重新再来一遍。

举例来说，如果现在有 A~H 8 个连续的 Segment，它们的时间长度分别为 28 天（A）、7 天（B）、1 天（C）、1 天（D）、1 天（E）、1 天（F）、1 天（G）、1 天（H）。此时第 9 个 Segment I 加入，它的时间长度为 1 天，那么现在 Cube 中总共存在 9 个 Segment。系统首先尝试能否将连续的 Segment 合并到 28 天这个阈值上，由于 Segment A 已经超过 28 天，它会被排除。接下来的 B 到 H 加起来也不足 28 天，因此第一级的时间阈值无法满足，退一步系统尝试第二级的时间阈值，也就是 7 天。系统重新扫描所有的 Segment，发现 A 和 B 已经超过 7 天，因此跳过它们，接下来发现将 Segment C 到 I 合并起来可以达到 7 天的阈值，因此系统会提交一个合并 Segment 的构建请求，将 Segment C 到 I 合并为一个新的 Segment X。X 的构建完成之后，Cube 中只剩下三个 Segment，分别是原来的 A（28 天），B（7 天）和新的 X（7 天）。由于 X 的加入，触发了系统重新开始整个合并尝试，但是发现已经没有满足自动合并的条件，既没有连续的、满足条件的、累积超过 28 天的 Segment，也没有连续的、满足条件的、累积超过 7 天的 Segment，尝试终止。

再举一个例子，如果现在有 A~J 10 个连续的 Segment，它们的时间长度分别为 28 天（A）、7 天（B）、7 天（C）、7 天（D）、1 天（E）、1 天（F）、1 天（G）、1 天（H）、1 天（I）、1 天（J）。此时第 11 个 Segment K 加入，它的时间长度为 1 天，那么现在 Cube 中总共存在 11 个 Segment。系统首先尝试能否将连续的 Segment 合并到 28 天这个阈值上，由于 Segment A 已经超过 28 天，它会被排除。系统接着从 Segment B 开始观察，发现若把 Segment B 至 K 这 10 个连续的 Segment 合并在一起正好可以达到第一级的阈值 28 天，因此系统提交一个合并构建任务把 B 至 K 合并为一个新的 Segment X，最终 Cube 中存在两个长度均为 28 天的 Segment，依次对应原来的 A 和新的 X。由于 X 的加入，触发了系统重新开始整个合并尝试，但是发现已经没有满足自动合并的条件，尝试终止。

"Auto Merge Thresholds" 的设置非常简单，在 Cube Designer 的 "Refresh Setting" 中，单击 "Auto Merge Thresholds" 右侧的 "New Thresholds" 按钮，即可在层级的时间阈值中添加一个新的层级，层级一般按照升序进行排列（如图 3-6 所示）。从前面的介绍中不难得出结论，除非人为地增量构建一个非常大的 Segment，自动合并的 Cube 中，最大的 Segment 的时间长度等于层级时间阈值中最大的层级。也就是说，如果层级被设置为（7 天、28 天），那么 Cube 中最长的 Segment 也不过是 28 天，不会出现横跨半年甚至一年的大 Segment。

在一些场景中，用户可能更希望系统能以自然日的星期、月、年作为单位进行自动合并，这样在只需要查询个别月份的数据时，就能够只访问该月的 Segment，而非两个毗邻的 28 天长度的 Segment。对此，https://issues.apache.org/jira/browse/KYLIN-1865 记录了这个问题。

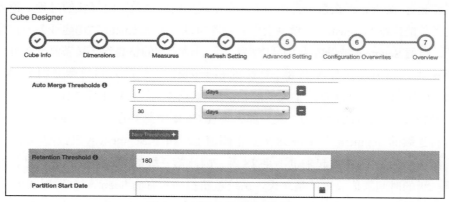

图 3-6　设置自动合并阈值

3.4.3　保留 Segment

从碎片管理的角度来说，自动合并是将多个 Segment 合并为一个 Segment，以达到清理碎片的目的。保留 Segment 则是从另外一个角度帮助实现碎片管理，那就是及时清理不再使用的 Segment。在很多业务场景中，只会对过去一段时间内的数据进行查询，例如对于某个只显示过去 1 年数据的报表，支撑它的 Cube 事实上只需要保留过去一年内的 Segment 即可。由于数据在 Hive 中往往已经存在备份，因此无需再在 Kylin 中备份超过一年的历史数据。

在这种情况下，我们可以将"Retention Threshold"设置为 365。每当有新的 Segment 状态变为 READY 的时候，系统会检查每一个 Segment：如果它的结束时间距离最晚的一个 Segment 的结束时间已经大于"Retention Threshold"，那么这个 Segment 将被视为无需保留。系统会自动地从 Cube 中删除这个 Segment。

如果启用了"Auto Merge Thresholds"，那么在使用"Retention Threshold"的时候需要注意，不能将"Auto Merge Thresholds"的最大层级设置得太高。假设我们将"Auto Merge Thresholds"的最大一级设置为 1000 天，而将"Retention Threshold"设置为 365 天，那么受到自动合并的影响，新加入的 Segment 会不断地被自动合并到一个越来越大的 Segment 之中，糟糕的是，这会不断地更新这个大 Segment 的结束时间，从而导致这个大 Segment 永远不会得到释放。因此，推荐自动合并的最大一级的时间不要超过 1 年。

3.4.4　数据持续更新

在实际应用场景中，我们常常会遇到这样的问题：由于 ETL 过程的延迟，业务每天都需要刷新过去 N 天的 Cube 数据。举例来说，客户有一个报表每天都需要更新，但是每天的源数据更新不仅包含了当天的新数据，还包括了过去 7 天内数据的补充。一种比较简单的方法是，每天在 Cube 中增量构建一个长度为一天的 Segment，这样过去 7 天的数据就会以 7 个 Segment 的形式存在于 Cube 之中。Cube 的管理员除了每天要创建一个新的 Segment 代表当天的新数据（BUILD 操作）以外，还需要对代表过去 7 天的 7 个 Segment 进行刷新（REFRESH 操作，Web GUI 上的操作及 Rest API 参数与 BUILD 类似，这里不再详细展开）。这样的方法固然可以奏效，但是每天为每个 Cube 触发的构建数量太多，容易造成 Kylin 的任务队列堆积大量未能完成的任务。

上述简单方案的另外一个弊端是，每天一个 Segment 也会让 Cube 中迅速地累积大量的 Segment，需要 Cube 管理员手动地对历史已经超过 7 天的 Segment 进行合并，期间还必须小心翼翼地，不能错将 7 天内的 Segment 一起合并了。举例来说，假设现在有 100 个 Segment，每个 Segment 代表过去的一天的数据，Segment 按照起始时间排序。在合并时，我们只能挑选前面 93 个 Segment 进行合并，如果不小心把第 94 个 Segment 也一起合并了，那么当我们试图刷新过去 7 天（94~100）的 Segment 的时候，会发现为了刷新第 94 天的数据，不得不将 1~93 的数据一并重新计算，因为此时第 94 天的数据已经和 1~93 这 93 天的数据糅合在一个 Segment 之中了。这对于刷新来说是一种极大的浪费。糟糕的是，即使使用之前所介绍的自动合并的功能，类似的问题也仍然存在，目前为止，还没有一种机制能够有效阻止自动合并试图合并近期 N 天的 Segment，因此使用自动合并仍然有可能将最近 N 天内的某些 Segment 与更早的其他 Segment 合并成一个大的 Segment，这个问题将在 https://issues.apache.org/jira/browse/KYLIN-1864 中获得解决。

目前来说，比较折中的一种方案是不以日为单位创建新的 Segment，而是以 N 天为单位创建新的 Segment。举例来说，假设用户每天更新 Cube 的时候，前面 7 天的数据都需要更新一下，也就是说，如果今天是 01-08，那么用户不仅要添加 01-08 的新数据，还要同时更新 01-01 到 01-07 的数据。在这种情况下，可设置 $N=7$ 作为最小 Segment 的长度。在第一天 01-01，创建一个新的 Segment A，它的时间是从 01-01 到 01-08，我们知道 Segment 是起始时间闭，结束时间开，因此 Segment A 的真实长度为 7 天，也就是 01-01 到 01-07。即使在 01-01 当天，还没有后面几天的数据，Segment A 也能正常地构建，只不过构建出来的 Segment 其实只有 01-01 一天的数据而已。从 01-02 到 01-07 的每一天，我们都要刷新 Segment A，以保证 1 日到 7 日的数据保持更新。由于 01-01 已经是最早的日期，所以不需要对更早的数据进行更新。

到 01-08 的时候，创建一个新的 Segment B，它的时间是从 01-08 到 01-15。此时我们不仅需要构建 Segment B，还需要去刷新 Segment A。因为 01-01 到 01-07 中的数据在 01-08 当天仍然可能处于更新状态。在接下来的 01-09 到 01-14，每天刷新 A、B 两个 Segment。等到了 01-15 这天的时候，首先创建一个新的 Segment C，它的时间是从 01-15 到 01-22。在 01-15 当天，Segment A 的数据应当已经被视作最终状态，因为 Segment A 中的最后一天（01-07）已经不再过去 N 天的范围之内了。因此此时接下来只需要照顾 Segment B 和 Segment C 即可。

由此可以看到，在任意一天内，我们只需要同时照顾两个 Segment，第一个 Segment 主要以刷新近期数据为主，第二个 Segment 则兼顾了加入新数据与刷新近期数据。这个过程中可能存在少量的多余计算，但是每天多余计算的数据量不会超过 N 天的数据量。这对于 Kylin 整体的计算量来说是可以接受的。根据业务场景的不同，N 可能是 7 天，也有可能是 30 天，我们可以适度地把最小的 Segment 设置成比 N 稍微大一点的数字，例如 N 为 7 的时候，我们可以设置为 10 天，这样即使 ETL 有时候没有能够遵守 $N=7$ 的约定，也仍然能够刷新足够的数据。值得一提的是，在 https://issues.apache.org/jira/browse/KYLIN-1864 得到解决之前，我们不要重叠使用自动合并和本节中所描述的处理数据陆续更新的策略。

3.5　小结

增量构建是使用 Apache Kylin 的关键步骤。因为对于大多数使用场景，数据都是日积月累逐渐增长的。如何合理地安排增量构建，保证用户在 Cube 中可以及时查询到最新的数据，是 Apache Kylin 运行维护的日常。第 4 章将延续本章的内容，继续探讨流式构建，将 Apache Kylin 的数据延迟缩短到分钟级别。

流式构建

第 3 章介绍的增量构建，可用来满足业务的数据更新需求。增量构建和全量构建一样，都需要从 Hive 中抽取数据，在经过若干轮的 Map Reduce 作业之后，才能对源数据进行预计算，最后将预计算的结果适配成存储引擎所需要的格式，并导入到存储引擎中。一般来说，增量构建的数据量明显小于全量构建，因此增量构建的时间少于全量构建。但是增量构建仍然无法满足分钟级的实时数据更新需求，其中很大一部分原因是实时数据落地到 Hive，再由 Kylin 触发构建任务，并从 Hive 中拉取数据这个过程就需要花费大量的时间。另外，尽管它的数据量少于全量构建，但是增量构建的子步骤和全量构建的子步骤相同，调度的成本也不可忽略。因此，为了满足分钟级别的实时数据更新需求，我们不得不寻求其他的数据源和构建引擎，甚至还考虑过单独的存储引擎。流式构建则是应对实时数据更新需求的解决方案。

本章的屏幕截图和具体命令只适用于 Apache Kylin v1.5。从 v1.6 版本开始，流式构建有了较大的变化，但基本设计仍然相通，不过具体的操作和命令已有所不同，请参考 Apache Kylin 官网的最新文档。

4.1 为什么要流式构建

实时数据更新是一种普遍的需求，快速更新的数据分析能够帮助分析师快速地判断业务的变化趋势，从而能够在风险仍然可控的阶段做出决策。在监控领域，通常需要非常实时的数据更新来抓捕异常的数据特征，这样一来，对数据的延迟需求可能必须是秒级别甚至毫秒级别。Kylin 擅长的在线多维分析领域不同于监控领域，虽然普遍存在准实时的更新需求，但是分钟级别的更新与秒级别的更新在业务决策、趋势判断等方面的功能已经十分接近。市场上也已经存在其他的秒级别的在线多维分析产品可供选择，例如 Druid（http://druid.io/），但是为了支持秒级的更新需求，该类产品不得不在内存中维护复杂的数据结构以接受实时数据更新（例如 Druid 中的 IncrementalIndex）。这种结构需要系统全局地处理该结构的高可用性和持久化问题等，这会造成系统易用性的下降。更大的问题是在内存中维护所有的数据会对可处理的数据量造成明显的限制（具体详情请参见 https://www.quora.com/What-are-the-differences-between-Druid-and-AWS-Redshift）。为了明确自身的定位，保持系统整体的简单易用性，我们认为 Kylin 瞄准分钟级的更新需求就已经能够满足大部分的实时在线多维分析需求。

由于 Kylin 不打算自己在内存中维护数据结构以保障实时数据更新，因此 Kylin 本身无需像 Druid 一样处理复杂的集群资源调度、容灾容错、数据扩容等问题。无论是全量构建、增量构建还是流式处理，都有计算引擎的可扩展问题，由于自身并不维护数据，因此 Kylin 的核心部分可以只关注预计算的优化、查询的优化等核心问题，将计算的扩展性委托给其他的计算框架如 Map Reduce、Spark 等，将存储的高可用性问题，扩容问题交给其他的存储框架如 HBase 等。换而言之，Kylin 可以更好地复用用户生产环境中已经广泛部署的其他组件，更好地融入 Hadoop、Spark 这样的生态圈之中。这样不仅节省了用户在基础设施上的投入，也节约了运维的管理成本，最主要的是使得 Kylin 产品本身非常灵活，而且容易部署。

4.2　准备流式数据

4.2.1　数据格式

由于实时数据更新频繁，因此对于流式构建，不再要求数据必须提前落地到 Hive 之中，因为那样做开销过大。Kylin 假设在流式构建中，数据是以消息流的形式传递给流式构建引擎的。消息流中的每条消息需要包含如下信息。

❑ 所有的维度信息。

❑ 所有的度量信息。

❑ 业务时间戳。

在消息流中，每条消息中的数据结构应该相同，并且可以用同一个分析器实例将每条消息中的维度、度量及时间戳信息提取出来。目前默认的分析器为 org.apache.kylin.source.kafka. TimedJsonStreamParser，该分析器假设每条消息为一个单独的 JSON，所有的信息都以键值对的形式保存在该 JSON 之中。它还假设键值对中存在一个特殊的键值代表消息的业务时间，该键值称为业务时间戳。该键值的键名是可配的，其值为长整数的 Unix Time 时间类型。

业务时间戳的粒度对于在线多维分析而言可能过高，无法在时间维度上完成深度的聚合。因此，Kylin 允许用户挑选一些从业务时间戳上衍生出来的时间维度（Derived Time

Dimension），具体来说有如下几种。

- ❑ minute_start：业务时间戳所在的分钟起始时间，类型为 Timestamp（yyyy-MM-dd HH: mm:ss）。
- ❑ hour_start：业务时间戳所在的小时起始时间，类型为 Timestamp（yyyy-MM-dd HH: mm:ss）。
- ❑ day_start：业务时间戳所在的天起始时间，类型为 Date（yyyy-MM-dd）。
- ❑ week_start：业务时间戳所在的周起始时间，类型为 Date（yyyy-MM-dd）。
- ❑ month_start：业务时间戳所在的月起始时间，类型为 Date（yyyy-MM-dd）。
- ❑ quarter_start：业务时间戳所在的季度起始时间，类型为 Date（yyyy-MM-dd）。
- ❑ year_start：业务时间戳所在的年起始时间，类型为 Date（yyyy-MM-dd）。

这些衍生时间维度都是可选的，如果用户选择了这些衍生维度，那么在对应的时间粒度上进行聚合时就能够获得更好的查询性能，一般来说不推荐把原始的业务时间戳选择成一个单独的维度，因为该列的基数一般都是很大的。

4.2.2　消息队列

由于 Kafka（http://kafka.apache.org/）的性能表现出色，且具有高可用性和可扩展性，因此被广泛地选择为实时消息队列。尽管 Kafka 之于 Kylin 是一个类似于 Hive 的可扩展组件，理论上也存在一些其他消息队列可作为流式构建的数据源，但是因为 Kafka 的流行程度，它已经成为 Kylin 事实上的流式构建消息队列标准。Kafka 提供了两套读取访问接口：高层读取接口（High Level Consumer API）和底层读取接口（Simple Consumer API），由于需要直接控制读取队列的偏移量（Offset），因此这里选择了底层的读取接口。

流式构建的用户需要使用 Kafka 的 Producer 将数据源不断地加入某个 Topic 中，并且将 Kafka 的一些基本信息（例如 Broker 节点信息和 Topic 名称）告知流式构建任务。流式构建任务在启动的时候会启动 Kafka 客户端，然后根据配置向 Kafka 集群读取相应的 Topic 中的消息，并进行预处理计算。

4.2.3　创建 Schema

由于 Kylin 对查询客户端暴露的是 ANSI SQL 接口，因此用户最终将以 SQL 接口查询流式构建的数据。对于全量构建和增量构建，它们的源数据都是 Hive 中的某些表，因此 Kylin 可以从 Hive 中导入这些表的 Schema，用户在进行查询的时候也可以像直接查询 Hive 表一样使用相应的 SQL 语法。但是流式构建的问题是，数据是以键值对的形式传入消息队列的，并不像 Hive 一样存在可以用来导入的表定义。但是由于消息队列中的键值对是基本固定的，甚至包括衍生时间维度，一经选择也变成是固定的，因此可以创造一个虚拟的表，用表中的各个列来对应消息队列中的维度、度量及衍生时间维度。在查询时，用户可以直接对这张虚拟的表发起各种 SQL 查询，就好像这张表真实存在一样。

在 Kylin 的 Web GUI 上，选择 Model 页面，单击"Data Source"，可以找到"Add Streaming Table"的按钮，这就是用来为流式构建创造虚拟表的入口，如图 4-1 所示。

此时 Web GUI 会弹出向导对话框，以帮助用户完成虚拟表的创建，如图 4-2 所示。

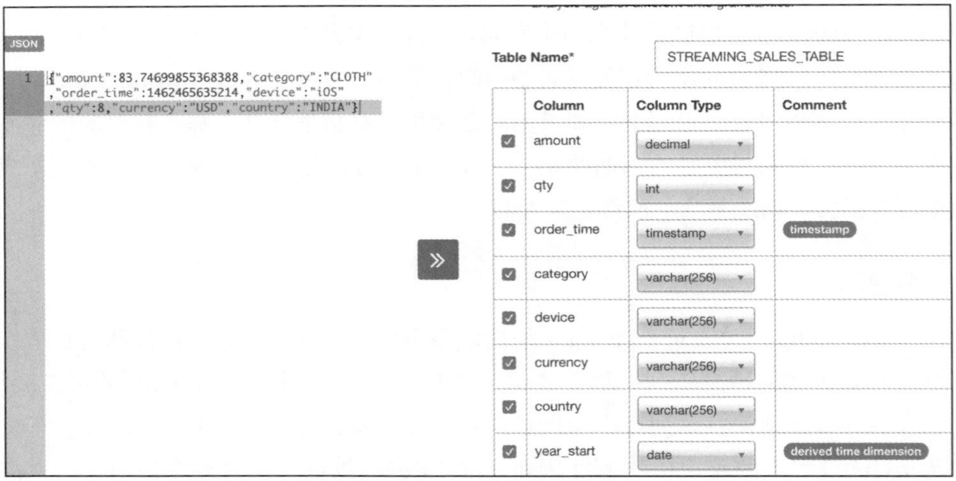

图 4-1　添加 Streaming Table

图 4-2　创建 Streaming Table

在图 4-2 左侧的数据框中，我们需要输入消息队列中的一段数据样本，数据样本可以是用户消息队列中的任意一条，但是需要保证想要被收录进虚拟表的键值对都应该出现在该数据样本之中。例如输入一段随意的样本：

```
{"amount":83.74699855368388,"category":"CLOTH","order_time":1462465635214,"device":"iOS","qty":8,"currency":"USD","country":"INDIA"}
```

单击中间的"＞＞"按钮，系统会自动地分析 JSON 中的键值对，将它们转化成虚拟表中的列。在右侧的虚拟表区域中，用户首先需要给虚拟表起一个名字，这个名字将在后续的 SQL 查询中被用到。表名的下方是表中各个可能的列名称及类型。虚拟表必须有至少一个 Timestamp 类型的列，而且该列必须是一个长整数类型。如果虚拟表中有多个 Timestamp 类型的列，那也不会有问题，后续的向导会要求从中选择一个作为真正的业务时间戳。JSON 中其他的键值对会被视为维度和度量自动加入到虚拟表中，用户可以勾选掉虚拟表中不需要的列，也可以调整它们的数据类型。最后，在虚拟表的最下方有各种可供选择的衍生时间维度，用户可以根据业务的需求选择有用的时间维度并将其放入虚拟表中。在虚拟表层面，衍生时间维度和其他维度是同等的。

　　单击向导对话框右下方的 Next，接下来的对话框会引导用户输入与这个虚拟表相关联的 Kafka 消息队列。有了相应的关联，后续再有 Cube 使用这张虚拟表的时候，我们就能够知道数据需要从哪里获取了，它会从 Kafka 消息队列而非默认地从 Hive 中获取。在对话框中输入 Kafka 的 Topic 名称，接着在 Cluster 选项卡中添加 Kafka Broker 的主机名和端口（如图 4-3 所示）。

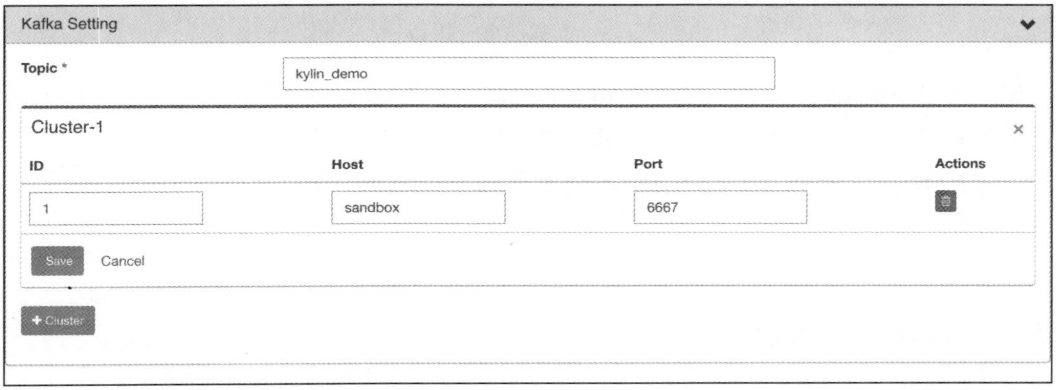

图 4-3　关联 Kafka Topic

　　同一对话框下方的高级设置中（如图 4-4 所示），有如下三个参数可供配置，选择默认情况。

　　❑ Timeout：可配置的，Kafka 客户端读取超时时间。
　　❑ Buffer Size：可配置的，Kafka 客户端读取缓冲区大小。
　　❑ Margin：可配置的，代表消息可能延迟的程度，具体说明参见后文。

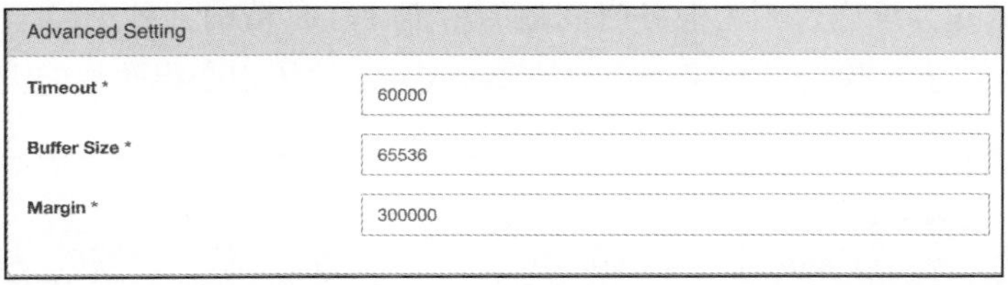

图 4-4　Kafka 高级设置

　　最后的分析器设置中允许用户对消息分析器做一定的配置，用户甚至还可以定制自己的分析器。一般情况下，默认的 TimedJsonStreamParser 分析器已经足够使用。如果虚拟表中存在多个 Timestamp 类型的列，那么用户需要告诉分析器使用哪个 Timestamp 列作为业务时间戳。打开第二项的下拉菜单即可完成选择（如图 4-5 所示）。如果虚拟表中只存在一个 Timestamp 类型的列，则无须选择。默认情况下用户不用修改 Parser Name 和 Parser Properties。

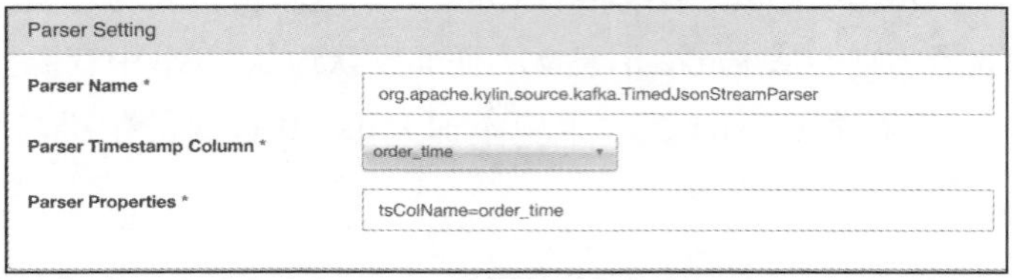

图 4-5　配置消息分析器

最后单击 Submit 按钮，一个与 Kafka 消息队列数据源关联成功的流式构建虚拟表就创建成功了。我们可以像查看从 Hive 中导入的表一样，到 Model → Data Source 中查看这个虚拟表，如图 4-6 所示。

4.3　设计流式 Cube

4.3.1　创建 Model

和增量构建的流程一样，我们也要为流式构建的 Cube 创建数据模型（Model）。关于创建数据模型的一些细节内容已经在第 2 章中进行过介绍，在此不再赘述，这里只介绍与流式构建相关的配置项。

图 4-6　查看 Kafka 虚拟表

在创建 Model 对话框的第三步（如图 4-7 所示，创建 Model 的具体步骤详见 2.3 节）维度选择时，我们既可以选择普通的维度，又可以选择衍生的时间维度。注意，一般不推荐直接选择业务时间戳作为维度，因为业务时间戳的精度往往是精确到秒级甚至是毫秒级的，使用它作为一个维度失去了聚合的意义，也会让整个 Cube 的体积变得非常庞大。

图 4-7　创建 Model 对话框的第三步，选择维度

在创建 Model 对话框的第五步设置中，一般选择最小粒度的衍生时间维度作为分割时间列，在这里我们选择 MINUTE_START，它的数据格式前文也已经介绍过，即 yyyy-MM-dd

HH:mm:ss。有了分割时间列，就可以对 Cube 进行分钟级的流式构建了，其余设置均保持默认状态（如图 4-8 所示）。

Partition
Partition Date Column
DEFAULT.STREAMING_SALES_TABLE.MINUTE_START
Date Format
yyyy-MM-dd HH:mm:ss
Has a separate "time of the day" column ?
No

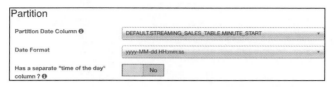

图 4-8　创建 Model 的第五步，配置时间分割列

最终，单击“ Save”按钮，保存所创建的数据模型。当看到成功提示时，数据模型就创建成功了。

4.3.2　创建 Cube

接下来，基于创建好的数据模型开始在 Kylin 中创建流式构建的 Cube。创建 Cube 的说明在第 2 章中也有详细描述，此处不再赘述，这里只介绍与流式构建相关的部分。

创建 Cube 对话框的第二步是为 Cube 添加维度，但因为只有一个事实表，所以所有的维度都是普通类型（Normal)(如图 4-9 所示）。

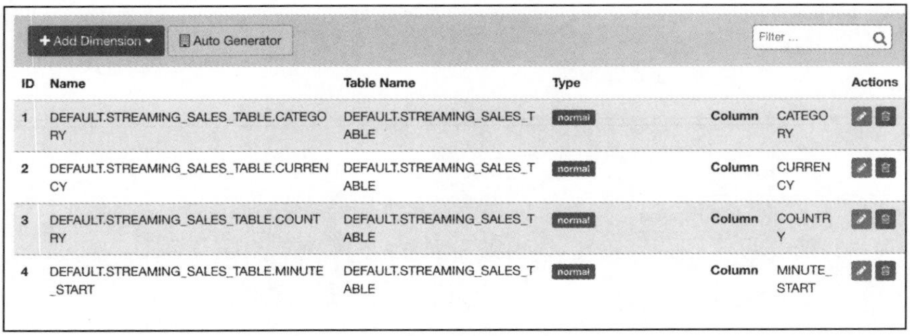

+ Add Dimension
Auto Generator
Filter ...
ID
Name
Table Name
Type
Actions
1
DEFAULT.STREAMING_SALES_TABLE.CATEGORY
DEFAULT.STREAMING_SALES_TABLE
normal
Column
CATEGORY
2
DEFAULT.STREAMING_SALES_TABLE.CURRENCY
DEFAULT.STREAMING_SALES_TABLE
normal
Column
CURRENCY
3
DEFAULT.STREAMING_SALES_TABLE.COUNTRY
DEFAULT.STREAMING_SALES_TABLE
normal
Column
COUNTRY
4
DEFAULT.STREAMING_SALES_TABLE.MINUTE_START
DEFAULT.STREAMING_SALES_TABLE
normal
Column
MINUTE_START

图 4-9　选择 Cube 的维度

创建 Cube 的第四步是设置 Cube 的自动合并时间。因为流式构建需要频繁地构建较小的 Segment，为了不对存储器造成过大的压力，同时也为了获取较好的查询性能，因此需要通过自动合并将已有的多个小 Segment 合并成一个较大的 Segment。所以，这里将设置一个层级的自动合并时间：0.5 小时、4 小时、1 天、7 天、28 天。此外，设置保留时间为 30 天（如图 4-10 所示）。

在第五步的 Aggregation Groups 设置中，可以把衍生时间维度设置为 Hierarchy 关系，设置的方法和普通维度一样。在 RowKeys 部分，也可以像调整普通维度的顺序一样合理地调整衍生时间维度（如图 4-11 所示）。

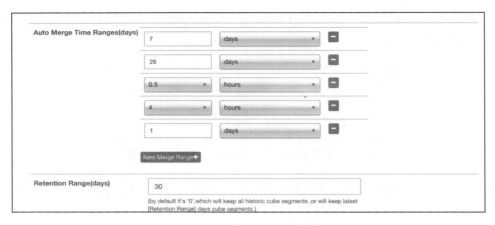

图 4-10　设置 Cube 的自动合并

Aggregation Groups

Visit aggregation group for more about aggregation group.

ID	Aggregation Groups	
1	Includes	CATEGORY × DEVICE × CURRENCY × COUNTRY × WEEK_START × DAY_START × HOUR_START × MINUTE_START ×
	Mandatory Dimensions	Select Column...
	Hierarchy Dimensions	WEEK_START × DAY_START × HOUR_START × MINUTE_START ×
	New Hierarchy ✚	

Rowkeys ❶

ID	Column	Encoding	Length	Shard By	
❶	WEEK_START	dict ▾	0	false by default ▾	➖
❷	DAY_START	dict ▾	0	false by default ▾	➖
❸	HOUR_START	dict ▾	0	false by default ▾	➖
❹	MINUTE_START	dict ▾	0	false by default ▾	➖
❺	COUNTRY	dict ▾	0	false by default ▾	➖
❻	CATEGORY	dict ▾	0	false by default ▾	➖
❼	DEVICE	dict ▾	0	false by default ▾	➖
❽	CURRENCY	dict ▾	0	false by default ▾	➖

New Rowkey Column ✚

图 4-11　设置 Aggregation Group

最终，单击"Save"保存 Cube，当看到成功提示时，一个流式构建的 Cube 就创建完成了。

4.4　流式构建原理

　　由于分布式网络存在延迟等因素，因此从消息队列中取出的消息并不一定必须要按照业务时间升序排列。事实上，Kylin 假设消息队列中的所有消息均按照业务时间呈基本递增的趋势，图 4-12 描绘了基本的情况，其中 x 轴代表消息的序号，y 轴代表消息中的业务时间。

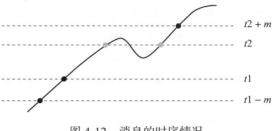

图 4-12　消息的时序情况

　　流式构建需要达到分钟级的数据更新频率，Kylin 的做法是每隔数分钟就启动一次微构建，用于处理最新的一批数据。这种做法的理念有一些类似于 Spark Streaming，它们也是将流数据视作一种特殊的微批次来处理的。由于消息可能存在延迟，因此不能为某一时刻刚刚过去的那几分钟立刻构建微批次。举例来说，如果在每个微构建中要处理 5 分钟的增量数据，假设消息队列中的消息最多可能有 10 分钟的延迟（对应于 4.2.3 节中的"Margin"），那么就不能在 1:00 的时候立刻尝试去构建 0:55 到 1:00 这 5 分钟的数据，因为这部分数据的消息最迟可能在 1:10 分才会到齐，否则构建出来的 Segment 就存在很大的遗漏数据的风险。此时，需要像增量构建中提到的"数据持续更新"的情形一样，对过往的 Segment 进行刷新操作。但是目前流式构建并不支持 Segment 刷新操作，所以，最早只能在 1:10 开始构建 0:55 到 1:00 这部分的数据。也就是说即使构建在瞬间完成，最早也得在 1:10 才能在查询端看到 0:55 的数据。这中间的延迟我们称之为 DELAY，它等于每个微构建批次的时间（INTERVAL）加上消息最长可能延迟的时间（MARGIN），在上面的示例中，DELAY 为 10 分钟 +5 分钟 =15 分钟。

　　弄清楚了延迟的概念，接下来我们假设已经到了 1:10 分，现在想要开始构建 0:55 到 1:00 这段时间的 Segment。我们需要的输入是所有业务时间戳处于这个时间范围内的消息，但是由于消息队列并不是按照时间顺序来排序的，因此无法精确地知道应该获取消息队列中哪部分的消息。消息队列可能存储着过去相当长一段时间内的数据，如果每次流式构建都去扫描整个消息队列中的所有消息显然不符合实际。

　　为了尽量不丢失数据，这里采用了一种变种的二分查找法来定位所需要读取的消息队列的起始序号和结束序号。假设现在需要获取处于 $t1$ 和 $t2$ 之间的所有消息，如果使用简单的二分查找法，那么定位 $t2$ 的时候可能就会找到图 4-12 中左侧的红点，这样一来，两个红点之间处于 $t1$ 和 $t2$ 之间的那部分数据就会被遗失。在变种二分查找法中，会寻找业务时间戳等于 $t1$-margin 和 $t2$+margin 这两个时间点的消息的序列号，然后读取这两个消息序列号之间的所有消息。通常，只要数据能够保证在 Margin 时间内到达，流式构建就不会丢失数据。但是，通常情况下数据产生方无法保证 100% 的消息都会在 Margin 时间内到达，因此，理论上目前的流式构建仍然存在丢失数据的风险。因此，合理地设置 Margin 显得非常重要，如果 Margin 设置得过小，那么数据丢失的可能性就会大大增加。但是如果 Margin 过大，又会导致 DELAY 增加，那样在客户端就会明显感觉到数据的 Time to Market 延迟增加。

流式构建有数据量小、速度要求高的特点，前文也提到了流式构建区别于全量构建和增量构建，不从 Hive 中获取数据，因此，不能再沿用全量构建和增量构建中的构建引擎。作为流式构建的一个初级版本，目前提供了一个独立进程的内存流式构建引擎。它的工作方式如图 4-13 所示。调度器每隔一段时间（INTERVAL）就触发流式构建引擎开始工作，目的是构建一个新的 Segment。在启动后，流式构建引擎会按照本节中所描述的方法，从消息队列中提取出一部分的消息。这些消息中有一些并不属于当前工作的 Segment，因此需要一个过滤器将不需要的消息进行过滤。随后进入深层次的预计算中，流式构建引擎根据配置好的消息分析器，从每个消息中提取出有用的维度和度量，并结合配置从业务时间戳上衍生计算出所有需要的衍生时间维度。这些数据将按照 Cube 的设计被预计算，结果会被封装成一个新的 Segment 存到存储引擎中。

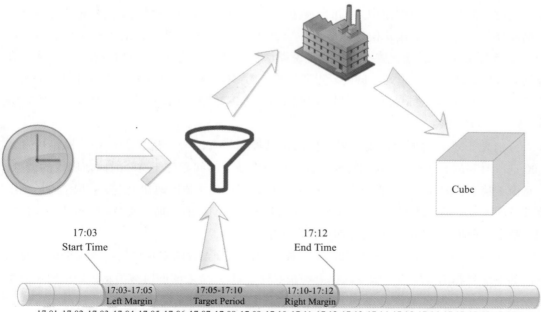

A replayable message queue roughly sorted by timestamp

图 4-13　流式构建引擎工作过程

4.5 触发流式构建

4.5.1 单次触发

Kylin 目前暂时不支持从 Web GUI 上触发流式构建。为了触发一次流式构建，用户需要在一台能够访问 Kafka 集群和存储引擎的机器上执行以下的命令：

```
$KYLIN_HOME/bin/streaming_build.sh CUBE_NAME INTERVAL DELAY
```

其中的参数及说明分别如下。

- CUBE_NAME：代表所需流式构建的 Cube。
- INTERVAL：代表此次流式构建的时间长度。
- DEALY：代表构建多久之前的数据，一般来说至少要设置为 INTERVAL+MARGIN。

举例来说，假设 STREAMING_CUBE 是一个流式构建的 Cube，每隔 5 分钟构建一次，而且它的 Kafka 数据源的 Margin 是 10 分钟，那么我们每隔 5 分钟需要调用如下命令：

```
$KYLIN_HOME/bin/streaming_build.sh STREAMING_CUBE 300000 900000
streaming started name: STREAMING_CUBE id: 1462471500000_1462471800000
```

构建任务的日志保存在 $KYLIN_HOME/logs 目录下，以 JOB ID 命名，如 streaming_STREAMING_CUBE_1462471500000_1462471800000.log。待任务完成之后，可以在 Monitor 页面查看执行结果。

任务执行成功之后，需要手动启用该 Cube。即在 Cube 列表中找到该 Cube，单击右侧 Actions 按钮，并选择 Enable。该操作只需要执行一次，在 Enable 之后，用户就可以像查询普通的 Cube 一样，在 Web GUI 上或使用查询 Rest API 进行 SQL 查询了。查询的过程和普通的增量构建是一样的，用户只需要根据左侧列出的表和列的信息并结合 Cube 上维度和度量的定义编写 SQL 语句即可。

这里给出一个 SQL 语句的例子，用户可以自行在 SQL 输入框中进行执行和测试：

```
select minute_start, count(*), sum(amount), sum(qty) from streaming_sales_table
group by minute_start
```

以下是执行的结果，如图 4-14 所示。

Results (5)

Drag a column header here and drop it to group by that column.

MINUTE_START	EXPR$1	EXPR$2	EXPR$3
2016-05-05 18:...	30	1655.3393	142
2016-05-05 18:...	30	1560.6555	127
2016-05-05 18:...	30	1309.1235	108
2016-05-05 18:...	30	1313.4346	147
2016-05-05 18:...	30	1457.2453	125

图 4-14　流式构建 Cube 的查询结果

4.5.2 自动化多次触发

如果流式构建特别频繁，比如每 5 分钟构建一次，那么一天就要构建数百次，这样一来，每次都进行手动的触发显然就不切实际了。由于目前单次触发可以通过命令行的方式来执行，因此用户可以结合自己喜欢的调度工具来完成自动化的触发。在这里我们将介绍基于 Cron Job 的一种方案。

首先，由于用来构建的命令行脚本需要环境变量 KYLIN_HOME，因此我们首先在 bash_profile 中 Export 该变量：

```
    vi ~/.bash_profile
## add the KYLIN_HOME here
export KYLIN_HOME="/root/apache-Kylin-1.5.3-bin"
```

随后，添加一个 Cron Job：

```
crontab -e
*/5 * * * * sh $KYLIN_HOME/bin/streaming_build.sh STREAMING_CUBE 300000 900000
```

于是每隔 5 分钟，CRON 就会触发一个流式构建引擎实例来构建一段新的 Segment。注意，如果命令的 INTERVAL 不是 5 分钟，那么 Cron Job 的定义也需要做相应的调整。

在之前的 4.3.2 节中就已经引导用户在创建流式构建 Cube 的时候就设置好自动合并了。随着 5 分钟的 Segment 不断地堆积，自动合并也会被触发，Kylin 会使用增量构建中的合并构建把小 Segment 陆续合并成大 Segment，以保证查询性能。对于合并操作，Kylin 使用的是与增量构建中相同的方式进行合并，而不再依赖于特殊的流式构建引擎。

4.5.3 出错处理

1. 流式构建出错

如果出现 Kafka 读取出错的情况，那么可能会导致某个单次的微构建失败。这个失败的构建会导致 Cube 中缺少相应的 Segment，在连续的 Segment 中形成一个"Gap"。Gap 会阻碍自动合并的进行，而且会导致用户查询的时候得到的数据不完整。因此遇到微构建失败时，需要去查看相应的日志排除问题，并尽快将 Gap 补回来。Kylin 提供了另外的命令行工具帮助弥补丢失的 Segment，其语法如下：

```
$KYLIN_HOME/bin/streaming_fillgap.sh CUBE_NAME
```

CUBE_NAME 代表所需流式构建的 Cube

2. 合并出错

如果出现自动合并的构建出错的情况，那么它会阻碍所有其他的在这个 Cube 上的合并操作，因为一个 Cube 同时只允许有一个未完成的构建操作。在流式构建中，如果自动合并停止，那么新产生的 Segment 会迅速地堆积，Cube 的查询性能就会迅速下降。因此，每当合并构建出错时，管理员需要立刻到 Web GUI 查看合并失败的原因，排除故障并在 Web GUI 中恢复该合并构建。合并构建的失败往往与流式构建本身没有直接的关系，因为合并不是流式构建引擎的专有功能。出错的原因往往和增量构建一样，出在 Hadoop 集群本身的问题上。

4.6　小结

　　总的来说，目前的流式构建基于增量构建的整体框架，使用了一个特殊的流式构建引擎，可从消息队列中迅速地获取数据，并把源数据预计算成为 Segment。流式构建和增量构建大体相同，主要区别之处在于数据源不同，前者的数据源是 Kafka 这样的消息队列，而后者的数据源是 Hive 这样的数据仓库。另外一个不同之处在于，增量构建是由 MapReduce 作业来产生 Cube 的 HDFS 数据文件的，它会使用 MapReduce 将 HDFS 数据文件转化为符合存储引擎（HBase）的数据格式（HFile），然而在流式构建中，HDFS 数据文件并不是由 MapReduce 产生的，而是由一个单进程的流式构建引擎独立完成的。因此当数据量变大的时候，整个系统的出错频率可能会增加。

　　目前，流式构建引擎的设计还比较初级。当单个微构建的数据量过大时，现有的单进程流式构建引擎可能会因为内存溢出而崩溃。同时，出错恢复的过程也会相对繁琐，可能需要在运维上花费更多的精力。另外目前版本的流式构建也不能提供对消息处理 Exact-Once 的语义，如果数据的延迟超过了预计的 Margin，那么可能会存在丢失数据的风险。这些问题将在今后的版本中尽量得到逐个解决，敬请期待。

Chapter 5 第 5 章

查询和可视化

基于之前的讲解,相信读者已经创建了自己的模型、立方体,并且顺利对其进行构建。在构建完成之后,我们再回到最初的目标——查询数据,这里首先会讲解 Kylin 自己的查询页面,再介绍如何通过 Rest API、JDBC、ODBC 或其他工具来访问 Kylin。希望本章的内容能够帮助读者了解 Kylin 的查询和可视化页面,更全面地认识如何通过编程接口开发基于 Kylin 的可视化界面。

5.1 Web GUI

Apache Kylin 的 Insight 页面即为查询页面(如图 5-1 所示),单击该页面,左边侧栏会将所有可以查询的表列出来,当然,这些表需要在 Cube 构建好以后才会显示出来。

图 5-1 选择 Insight 页面

5.1.1 查询

提供一个输入框输入 SQL,单击提交即可查询结果。在输入框的右下角有一个 Limit 字段,用来保护 Kylin 不会返回超大结果集,拖垮浏览器(或其他客户端)。如果 SQL 中没有 Limit 子句,那么这里默认会拼接上 limit 50000;如果 SQL 中有 Limit 子句,那么这里将以 SQL 中的为准。假如用户想去掉 Limit 限制,可以在 SQL 中不加 Limit 的同时将右下角的 LIMIT 输入框中的值也改为 0(如图 5-2 所示)。

图 5-2　查询页面

如果 SQL 因为 Limit 限制没有返回所有结果，那么前台会显示一个 Show All 字样的按钮，单击后即可再次查询，并获取所有结果集（如图 5-3 所示）。

图 5-3　"Show All" 返回所有结果集

5.1.2　显示结果

1. 表格形式展现结果

对于上面的查询，默认会以表格的形式显示结果，如果需要以图标的形式展示数据，则可单击表格右上角的 Visualization 按钮（如图 5-4 所示）。

Results (10)			Visualization	Export
_COUNT	PART_DT			
14	2012-01-03			
10	2012-01-04			
12	2012-01-01			
17	2012-01-02			
11	2012-01-16			
11	2012-01-15			
17	2012-01-14			
21	2012-01-13			

图 5-4　表格展示结果集

2. 图形化显示结果

若要以图形化来显示结果，那么前端图形化需要支持折线图（Line）、柱状图（Bar）、饼图（Pie）这三种类型（如图 5-5、图 5-6、图 5-7 所示）。这三种图形是比较常见的数据展示图，折线图可以展现数据在不同时间内的变化趋势，柱状图可以展示数据在不同条件下的对比情况，饼图可以较好地展现数据在全局所占的比例大小。

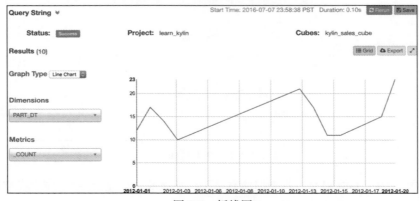

图 5-5 折线图

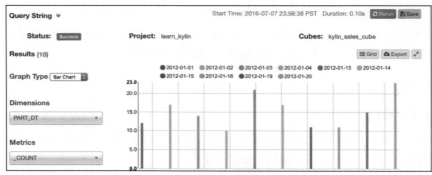

图 5-6 柱状图

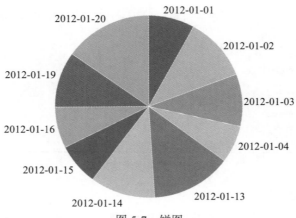

图 5-7 饼图

5.2　Rest API

前面说过 Kylin 查询页面主要是基于一个查询 Rest API，这里将详细介绍应该如何使用该 API，读者了解后便可以基于该 API 在各种场景下灵活获取 Apache Kylin 的数据了。

5.2.1　查询认证

Kylin 查询请求对应的 URL 为 http://\<hostname>:\<port>/kylin/api/query，HTTP 的请求方式为 POST。Kylin 所有的 API 都是基于 Basic Authentication 认证机制的，Basic Authentication 是一种非常简单的访问控制机制，它先对账号密码基于 Base64 编码，然后将其作为请求头添加到 HTTP 请求头中，后端会读取请求头中的账号密码信息以进行认证。以 Kylin 默认的账号密码 ADMIN/KYLIN 为例，对相应的账号密码进行编码后，结果为"Basic QURNSU 46S1lMSU4="，那 么 HTTP 对 应 的 头 信 息 则 为"Authorization: Basic QURNSU46S1l MSU4="。

> 注意　若要增强认证安全性，可以启用 HTTPS 协议，并将 URL 替换为 https://。这样就能保证用户名和密码在传输过程中受到最好的安全保密。

5.2.2　查询请求参数

查询 API 的 Body 部分要求发送一个 JSON 对象，下面将对请求对象的各个属性逐一进行说明。注意，描述中的'必填'是指该属性在查询时不能为空，必须加上；'可选'表示查询时这个字段不是必须要填的，可根据实际需要决定是否加上该字段。

- ❑ sql：必填，字符串类型，请求的 SQL。
- ❑ offset：可选，整型，查询默认从第一行返回结果，可以设置该参数以决定返回数据从哪一行开始往后返回。
- ❑ limit：可选，整型，加上 limit 参数后会从 offset 开始返回对应的行数，返回数据行数小于 limit 的将以实际行数为准。
- ❑ acceptPartial：可选，布尔类型，默认是"true"，如果为 true，那么实际上最多会返回一百万行数据；如果要返回的结果集超过了一百万行，那么该参数需要设置为"false"。
- ❑ project：可选，字符串类型，默认为"DEFAULT"，在实际使用时，如果对应查询的项目不是"DEFAULT"，那就需要设置为自己的项目。

下面是一个 HTTP 请求内容的完整示例，读者通过这个示例可以明白查询的请求体是一

个什么样的结构:

```
{
    "sql":"select * from TEST_KYLIN_FACT",
    "offset":0,
    "limit":50000,
    "acceptPartial":false,
    "project":"DEFAULT"
}
```

5.2.3 查询返回结果

查询结果返回的也是一个 JSON 对象,下面给出的是返回对象中每一个属性的解释。

❏ columnMetas:每个列的元数据信息。

❏ results:返回的结果集。

❏ cube:这个查询对应使用的 CUBE。

❏ affectedRowCount:这个查询关系到的总行数。

❏ isException:这个查询的返回是否异常。

❏ exceptionMessage:如果查询返回异常,则给出对应的内容。

❏ duration:查询消耗的时间,单位为毫秒。

❏ partial:这个查询结果是否仅为部分结果,这取决于请求参数中的 acceptPartial 为 true 还是 false。

下面是一个查询返回格式示例:

```
{
    "columnMetas":[
        {
            "isNullable":1,
            "displaySize":0,
            "label":"CAL_DT",
            "name":"CAL_DT",
            "schemaName":null,
            "catelogName":null,
            "tableName":null,
            "precision":0,
            "scale":0,
            "columnType":91,
            "columnTypeName":"DATE",
            "readOnly":true,
            "writable":false,
            "caseSensitive":true,
            "searchable":false,
            "currency":false,
            "signed":true,
            "autoIncrement":false,
```

```
            "definitelyWritable":false
        },
        ……...// 此处省略
    ],
    "results":[
        [
            "2013-08-07",
            "32996",
            "15",
            "15",
            "Auction",
            "10000000",
            "49.048952730908745",
            "49.048952730908745",
            "49.048952730908745",
            "1"
        ],
        ……...// 此处省略
    ],
    "cube":"test_kylin_cube_with_slr_desc",
    "affectedRowCount":0,
    "isException":false,
    "exceptionMessage":null,
    "duration":3451,
    "partial":false
}
```

5.3　ODBC

Apache Kylin 提供了 32 位和 64 位两种 ODBC 驱动，支持 ODBC 的应用可以基于该驱动访问 Kylin。该驱动程序目前只提供 Windows 版本，在 Tableau 和 Microsoft Excel 上已经过充分的测试。

在安装 KylinODBC 之前，需要先安装 Microsoft Visual C++ 2012 Redistributable，其在 Kylin 的官网上可以下载。此外，因为 ODBC 需要从 Rest API 获取数据，所以在使用之前需要确保你有正在运行的 Apache Kylin 服务，有可以访问的 Rest API 接口。最后，如果以前安装过 Apache Kylin ODBC 驱动，那么需要先卸载老版本。

到 Apache Kylin 官网下载 ODBC 驱动，上面分别提供了 KylinODBCDriver (x86).exe 和 KylinODBCDriver (x64).exe，供 32 位和 64 位的操作系统使用。

安装好驱动后，需要继续配置 DSN，下面分步介绍如何配置 DSN。

第一步，打开 ODBC Data Source Administrator，然后安装驱动，如图 5-8 所示。这里又涉及如下两种情况：

安装 32 位驱动时，对应的打开位置为 C:\Windows\SysWOW64\odbcad32.exe。

安装 64 位驱动时，依次打开 Windows 的控制面板→管理工具→数据源（ODBC）。

第二步，打开"System DSN"，单击"Add"，找到 KylinODBCDriver 这个选项，单击"Finish"继续下一步。如图 5-9 所示。

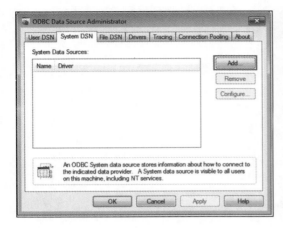

图 5-8　打开 ODBC Data Source
　　　　　Administrator

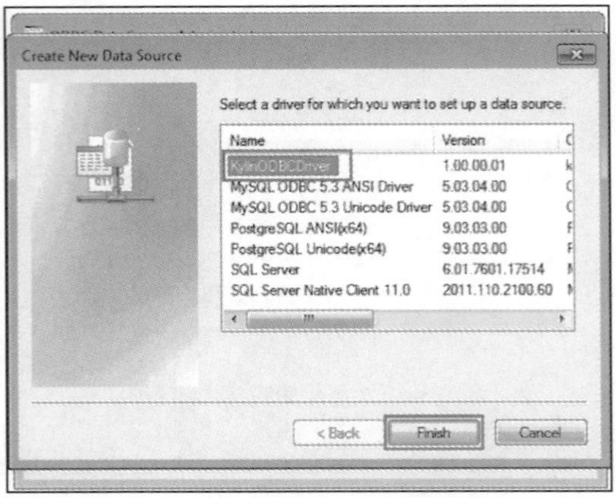

图 5-9　利用 KylinODBCDriver 创建新的
　　　　　Data Source

第三步，在弹出的对话框中，填上对应的选项，服务器地址和端口分别为对应 Rest API 的 IP 和端口，如图 5-10 所示。注意图示中的端口号为 443，是启用了 HTTPS 协议的一种情况。对于初次使用 Apache Kylin 的用户，默认的 Rest API 服务端口应该为 7070。

第四步，单击"Done"按钮，在系统 DSN 中就可以看到新建的 DSN 了，如图 5-11 所示，然后就可以使用了。

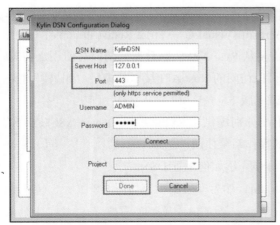

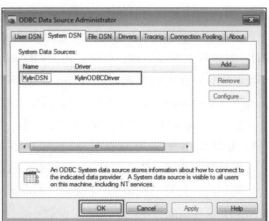

图 5-10　填写 Rest API 服务器和端口

图 5-11　添加 DSN 完成

5.4 JDBC

Kylin 也为用户提供了 JDBC 驱动，用户通过本节可以了解如何正确使用 Kylin 提供的 JDBC 驱动包。本节会对 JDBC 的认证方式，以及 URL 的格式进行说明，同时通过示例代码直观地展示如何基于 Statement 和 PreparedStatement 查询 Kylin 的数据，读者在自己的环境中修改对应的 URL 及表名信息就可以直接运行示例代码了。

5.4.1 获得驱动包

在默认发布的二进制包中，对应 lib 目录下有名称为 kylin-jdbc-{version}-SNAPSHOT.jar 的 jar 包，这就是 Apache Kylin 的 JDBC 驱动包。

5.4.2 认证

创建 JDBC 连接时，有三个属性需要填写，下面是对各个属性的说明。

❑ user：Kylin 用户的名称。

❑ password：Kylin 用户的密码。

❑ ssl：默认值为 false。如果为 true，则所有的访问都将基于 HTTPS。

5.4.3 URL 格式

JDBC 访 问 Kylin 对 应 的 URL 格 式 为 " jdbc:kylin://<hostname>:<port>/<kylin_project_name>"。URL 中需要填写端口的信息，如果 JDBC 连接属性对应的 " ssl" 设置为 true，那么端口将对应为 Kylin 服务器的 HTTPS 端口，一般为 443；此外 Apache Kylin 默认的 HTTP 服务端口是 7070；" kylin_project_name" 是 Apache Kylin 服务端的项目名称，该项目必须存在。

下面是 Kylin JDBC 基于 Statement 的 Query 示例代码：

```
Driver driver = (Driver) Class.forName("org.apache.kylin.jdbc.Driver").
newInstance();
Properties info = new Properties();
info.put("user", "ADMIN");
info.put("password", "KYLIN");
Connection conn = driver.connect("jdbc:kylin:// localhost:7070/kylin_project_
name", info);
Statement state = conn.createStatement();
ResultSet resultSet = state.executeQuery("select * from test_table");
while (resultSet.next()) {
    assertEquals("foo", resultSet.getString(1));
    assertEquals("bar", resultSet.getString(2));
    assertEquals("tool", resultSet.getString(3));
}
```

以下是 Kylin JDBC 基于 PreparedStatement 的 Query 示例代码：

```
Driver driver = (Driver) Class.forName("org.apache.kylin.jdbc.Driver").
newInstance();
Properties info = new Properties();
info.put("user", "ADMIN");
info.put("password", "KYLIN");
Connection conn = driver.connect("jdbc:kylin:// localhost:7070/kylin_project_
name", info);
PreparedStatement state = conn.prepareStatement("select * from test_table where
id=?");
state.setInt(1, 10);
ResultSet resultSet = state.executeQuery();
while (resultSet.next()) {
    assertEquals("foo", resultSet.getString(1));
    assertEquals("bar", resultSet.getString(2));
    assertEquals("tool", resultSet.getString(3));
}
```

5.4.4 获取元数据信息

Kylin JDBC 驱动支持获取元数据信息，我们可以基于 SQL 的一些过滤表达式（比如 %）
列出 Catalog、Schema、表和列信息，下面是如何获取元数据信息的示例代码：

```
Driver driver = (Driver) Class.forName("org.apache.kylin.jdbc.Driver").
newInstance();
Properties info = new Properties();
info.put("user", "ADMIN");
info.put("password", "KYLIN");
Connection conn = driver.connect("jdbc:kylin:// localhost:7070/kylin_project_
name", info);
Statement state = conn.createStatement();
ResultSet resultSet = state.executeQuery("select * from test_table");
ResultSet tables = conn.getMetaData().getTables(null, null, "dummy", null);
while (tables.next()) {
    for (int i = 0; i < 10; i++) {
        assertEquals("dummy", tables.getString(i + 1));
    }
}
```

5.5 通过 Tableau 访问 Kylin

Tableau 是一款应用比较广泛的商业智能工具软件，有着很好的交互体验，可基于拖
曳式生成各种可视化图表，相信很多读者已经了解或使用过该产品。本节会讲解如何使用
Tableau 访问 Apache Kylin 的数据。基于 Apache Kylin 提供的 ODBC 驱动，Tableau 可以很好
地对接大数据，让用户以更友好的方式对大数据进行交互式的分析。

本文基于 Tableau 9.1 版本讲解，在使用 Tableau 之前，请确保您已经安装了 ODBC 驱动。

5.5.1 连接 Kylin 数据源

通过驱动连接 Kylin 数据源的方式为：启动 Tableau 9.1 桌面版，单击左边面板中的"Other Database(ODBC)"，在弹出的窗口中选择"KylinODBCDriver"，如图 5-12 所示。

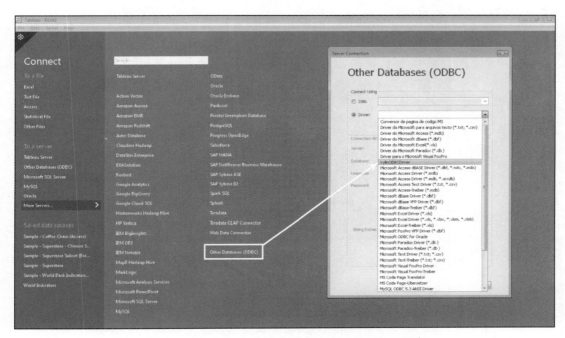

图 5-12　在 Tableau 中选择 Apache Kylin ODBC 驱动

在弹出的驱动连接窗口中填写服务器、认证、项目，单击"Connect"按钮，你将会看到所有你有权限访问的项目，如图 5-13 所示。

5.5.2 设计数据模型

在 Tableau 客户端的左面板中，选择"defaultCatalog"作为数据库，在搜索框中单击"Search"将会列出所有的表，可通过拖曳的方式把表拖到右边的面板中，给这些表设置正确的连接方式，如图 5-14 所示。

5.5.3 通过 Live 方式连接

模型设计完成之后，我们需要选择 Tableau 与后端交互的连接方式，如图 5-15 所示。Tableau 支持两种连接方式，分别为 Live 和 Extract。Extract 模式会把全部数据加载到系统内存，查询的时候直接从内存中获取数据，是非常不适合大数据处理的一种方式，因为大数据无法被全部驻留在内存中。Live 模式会实时发送请求到服务器查询，配合 Apache Kylin

亚秒级的查询速度，能够很好地实现交互式的大数据可视化分析。请总是选择 Live 为连接
Apache Kylin 的连接方式。

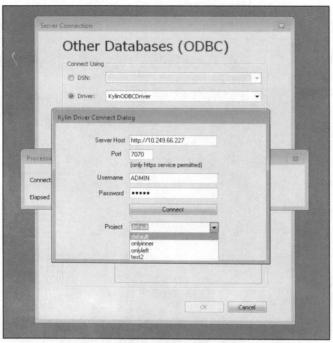

图 5-13　Apache Kylin 连接信息

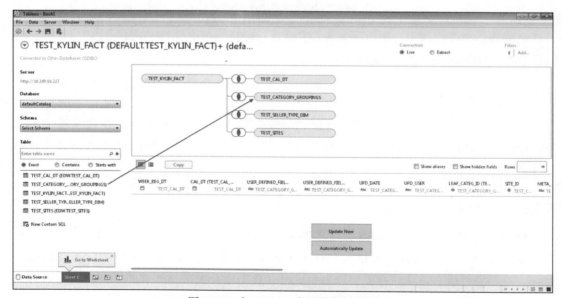

图 5-14　在 Tableau 中设计数据模型

图 5-15　选择连接方式

5.5.4　自定义 SQL

如果用户想通过自定义 SQL 进行交互，可以单击图 5-16 左下角的 "New Custom SQL"，在弹出的对话框中输入 SQL 即可实现。

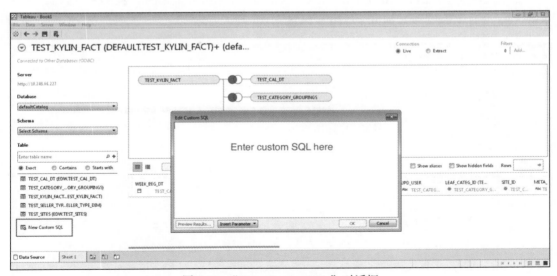

图 5-16　"New Custom SQL" 对话框

5.5.5　可视化

在 Tableau 右侧面板中，我们可以看到有列框（Columns）和行框（Rows），把度量拖到列框中，把维度拖到行框中，就可以生成自己的图表了，如图 5-17 所示。

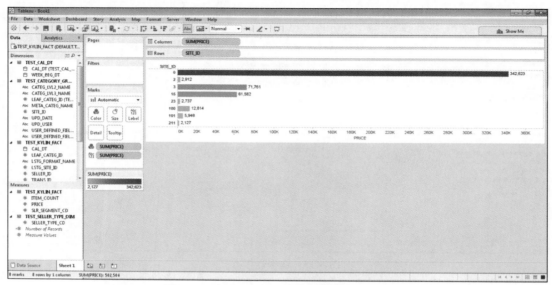

图 5-17　在 Tableau 中拖曳列行框展示数据

5.5.6　发布到 Tableau Server

如果想将本地 Dashboard 发布到 Tableau Server，则展开右上角的"Server"按钮，然后单击"Publish Workbook"即可，如图 5-18 所示。

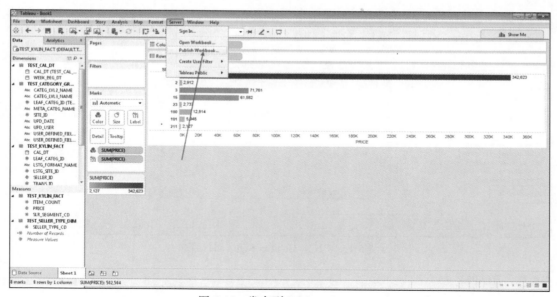

图 5-18　发布到 Tableau Server

5.6　Zeppelin 集成

Apache Zeppelin 是一个开源的数据分析平台，是 Apache 的顶级项目。Zeppelin 后端以插件形式支持多种数据处理引擎，如 Spark、Flink、Lens 等，同时还提供了 Notebook 式的 UI 进行可视化相关的操作。为此，Apache Kylin 开发了对应的 Zeppelin 模块，现在已经合并到 Zeppelin 主分支中，在 Zeppelin 0.5.6 及后续版本中都可以对接使用 Kylin，从而实现通过 Zeppelin 访问 Kylin 的数据。

5.6.1　Zeppelin 架构简介

如图 5-19 所示，Zeppelin 客户端通过 HTTP Rest 和 Websocket 两种方式与服务端进行交互。在服务端，Zeppelin 支持可插拔的 Interpreter（解释器）。以 Apache Kylin 为例，只需要开发 Kylin 的 Interpreter，并将其集成至 Zeppelin 便可以基于 Zeppelin 客户端与 Kylin 服务端进行通信，高速访问 Kylin 中的大量数据了。

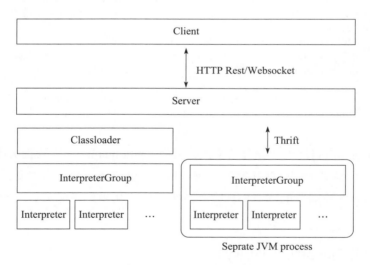

图 5-19　Zeppelin 架构

5.6.2　KylinInterpreter 的工作原理

KylinInterpreter 是 Zeppelin 的一个 Interpreter 插件，可用来连接 Apache Kylin 数据。它是构建在 Apache Kylin 的 Rest API 之上的，也是一种典型的使用 Kylin API 的场景。Kylin-Interpreter 读取 Zeppelin 前端针对 Kylin 配置的 URL、User、Password 等连接信息，再结合每次查询的 SQL、project、limit、offset 和 isPartial 等参数，就可以生成 Rest API 的请求，通过 HTTP POST 方式发送到 Apache Kylin 服务器以获取数据。

下面是 KylinInterpreter 的部分代码，结合注释可以明白 KylinInterpreter 是如何访问 Apache Kylin API 的。

```
public HttpResponse prepareRequest(String sql) throws IOException {
    String KYLIN_PROJECT = getProperty(KYLIN_QUERY_PROJECT);
    ......
    ......
    // 从配置项中读取账号密码，并基于 Base64 进行编码
    byte[] encodeBytes = Base64.encodeBase64(new String(getProperty(KYLIN_USERNAME)
        + ":" + getProperty(KYLIN_PASSWORD)).getBytes("UTF-8"));
    // 设置请求参数
    String postContent = new String("{\"project\":" + "\"" + KYLIN_PROJECT + "\""
        + "," + "\"sql\":" + "\"" + sql + "\""
        + "," + "\"acceptPartial\":" + "\"" + getProperty(KYLIN_QUERY_ACCEPT_PARTIAL)
+ "\""
        + "," + "\"offset\":" + "\"" + getProperty(KYLIN_QUERY_OFFSET) + "\""
        + "," + "\"limit\":" + "\"" + getProperty(KYLIN_QUERY_LIMIT) + "\"" + "}");
    postContent = postContent.replaceAll("[\u0000-\u001f]", " ");
    StringEntity entity = new StringEntity(postContent, "UTF-8");
    entity.setContentType("application/json; charset=UTF-8");
    HttpPost postRequest = new HttpPost(getProperty(KYLIN_QUERY_API_URL));
postRequest.setEntity(entity);
    // 设置请求头信息，加上 Basic Authentication 信息
    postRequest.addHeader("Authorization", "Basic " + new String(encodeBytes));
    postRequest.addHeader("Accept-Encoding", "UTF-8");

    HttpClient httpClient = HttpClientBuilder.create().build();
    return httpClient.execute(postRequest);
}
```

Zeppelin 的前端有自己的数据分装格式，所以 KylinInterpreter 需要把 Kylin 返回的数据进行适当的转换以让 Zeppelin 前端能够理解。所以 KylinInterpreter 的主要任务就是拼接参数，完成向 Kylin 服务端发起的 HTTP 请求，然后格式化返回的结果，交给 Zeppelin 前端展现。

5.6.3 如何使用 Zeppelin 访问 Kylin

首先读者需要到 Zeppelin 官网下载 0.5.6 或之后版本的二进制包，然后按照官网提示配置启动，从而打开 Zeppelin 前端页面（官网有非常详细的介绍，这里就不再赘述了）。

1. 配置 Interpreter

打开 Zeppelin 配置页面，单击 Interpreter 页面，创建针对 Kylin 某个项目的 Interpreter 配置，如图 5-20 所示。

2. 查询

打开 Notebook 创建一个新的 Note，在 Note 中输入 SQL。注意，针对 Kylin 的查询需

要在 SQL 前面加上"%kylin"，Zeppelin 后端需要知道用哪个对应的 Interpreter 去处理查询。效果如图 5-21 所示，可以拖曳维度和度量灵活获取自己想要的结果。

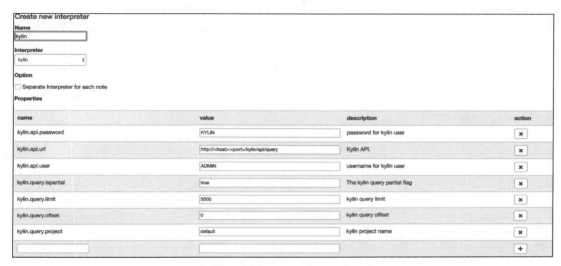

图 5-20　创建 Kylin Intepreter 配置

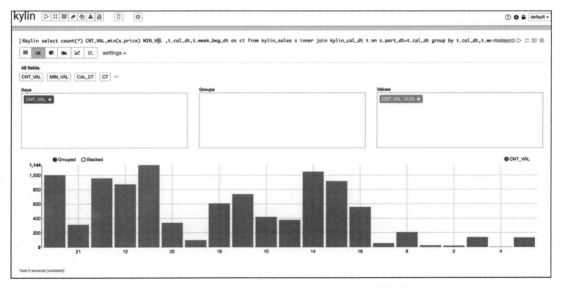

图 5-21　Zeppelin 展现 Apache Kylin 的返回数据

3. Zeppelin 的发布功能

对于 Zeppelin 中的任何一个查询，你都可以创建一个链接，并且将该链接分享给其他人，从而分享你的分析工作成果。感兴趣的读者可以到 Zeppelin 官网 http://zeppelin.apache.org/ 了解更多特性。

5.7　小结

Apache Kylin 提供了灵活的前端连接方式，包括 Rest API、JDBC 和 ODBC。用户可以根据需要使用已有的 BI 工具（比如 Tableau）查询 Apache Kylin，也可以开发定制的应用程序，通过这些 API 访问 Apache Kylin。

此外通过 Rest API，用户还可以读取元数据，触发 Cube 构建，查询构建进度，甚至实现自动创建 Cube 等高级功能。有兴趣的读者可以参考 http://kylin.apache.org/docs15/howto/howto_use_restapi.html。

Cube 优化

Apache Kylin 的核心思想是根据用户的数据模型和查询样式对数据进行预计算，并在查询时直接利用预计算结果返回查询结果。相比普通的大规模并行处理的解决方案，Kylin 具有响应时间快、查询时资源需求小、吞吐量大等优点。用户的数据模型包括维度、度量、分割时间列等基本信息，也包括用户通过 Cube 优化工具赋予的额外的模型信息。例如，层级（Hierarchy）是一种用来描述若干个维度之间存在层级关系的优化工具，提供层级信息有助于帮助预计算跳过多余的预计算，从而减少预计算的工作量，并且最终减少存储引擎所需要存储的 Cube 数据大小。数据模型是数据固有的属性，除此之外，查询的样式如果相对固定，也可以用来帮助 Cube 的优化。例如，如果我们知道客户端的查询总是会带有某个维度上的过滤（Filter）条件，或者总是会按照这个维度进行聚合（Group By），那么所有的不带这个维度的场景下的预计算都可以被跳过，因为即使为这些场景进行了预计算，这些预计算结果也从来不会被用到。

总的来说，在构建 Cube 之前，Cube 的优化手段提供了更多与数据模型或查询样式相关的信息，用于指导构建出体积更小、查询速度更快的 Cube。可以看到 Cube 的优化目的始终有两个：空间优化和查询时间优化。

6.1 Cuboid 剪枝优化

6.1.1 维度的诅咒

从之前章节的介绍可以知道，在没有采取任何优化措施的情况下，Kylin 会对每一种维度的组合进行预计算，每种维度的组合的预计算结果被称为 Cuboid。假设有 4 个维度，结合简单的数学知识，我们可能最终会有 2^4=16 个 Cuboid 需要计算。

但在现实情况中，用户的维度数量一般远远大于 4 个。假设用户有 10 个维度，那么没有经过任何优化的 Cube 就会存在 2^{10}=1024 个 Cuboid；而如果用户有 20 个维度，那么 Cube 中总共会存在 2^{20}=1 048 576 个 Cuboid。虽然每个 Cuboid 的大小存在很大的差异，但是单单想到 Cuboid 的数量就足以让人想象到这样的 Cube 对构建引擎、存储引擎来说压力有多么巨大。因此，在构建维度数量较多的 Cube 时，尤其要注意 Cube 的剪枝优化。

6.1.2 检查 Cuboid 数量

Apache Kylin 提供了一个简单的工具，供用户检查 Cube 中哪些 Cuboid 最终被预计算了，我们称其为被物化（Materialized）的 Cuboid。同时，这种方法还能给出每个 Cuboid 所占空间的估计值。由于该工具需要在对数据进行一定阶段的处理之后才能估算 Cuboid 的大小，因此一般来说只能在 Cube 构建完毕之后再使用该工具。目前关于这一点也是该工具的一大不足，后面将在 https://issues.apache.org/jira/browse/KYLIN-1743 中试图解决这一问题。

由于同一个 Cube 的不同 Segment 之间仅是输入数据不同，模型信息和优化策略都是共享的，所以不同 Segment 中哪些 Cuboid 被物化哪些没有被物化都是一样的。因此只要 Cube 中至少有一个 Segment，那么就能使用如下的命令行工具去检查这个 Cube 中的 Cuboid 状态：

```
bin/kylin.sh org.apache.kylin.engine.mr.common.CubeStatsReader CUBE_NAME

CUBE_NAME 想要查看的 Cube 的名字
```

该命令的输出如图 6-1 所示。

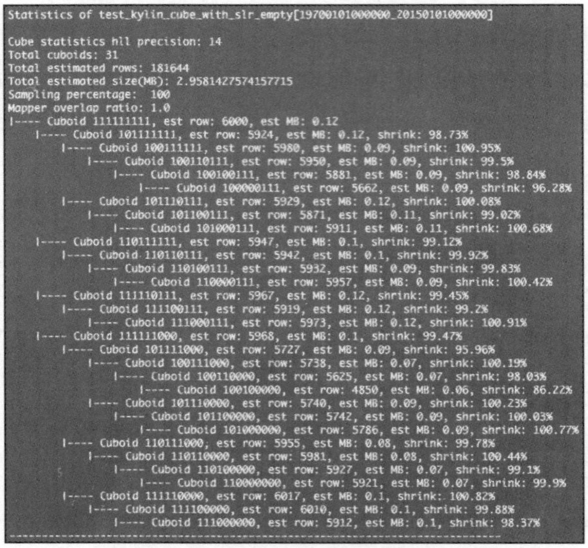

```
Statistics of test_kylin_cube_with_slr_empty[19700101000000_20150101000000]

Cube statistics hll precision: 14
Total cuboids: 31
Total estimated rows: 181644
Total estimated size(MB): 2.9581427574157715
Sampling percentage:  100
Mapper overlap ratio: 1.0
|---- Cuboid 111111111, est row: 6000, est MB: 0.12
    |---- Cuboid 101111111, est row: 5924, est MB: 0.12, shrink: 98.73%
        |---- Cuboid 100111111, est row: 5980, est MB: 0.09, shrink: 100.95%
            |---- Cuboid 100110111, est row: 5950, est MB: 0.09, shrink: 99.5%
                |---- Cuboid 100100111, est row: 5881, est MB: 0.09, shrink: 98.84%
                    |---- Cuboid 100000111, est row: 5662, est MB: 0.09, shrink: 96.28%
        |---- Cuboid 101110111, est row: 5929, est MB: 0.12, shrink: 100.08%
            |---- Cuboid 101100111, est row: 5871, est MB: 0.11, shrink: 99.02%
                |---- Cuboid 101000111, est row: 5911, est MB: 0.11, shrink: 100.68%
    |---- Cuboid 110111111, est row: 5947, est MB: 0.1, shrink: 99.12%
        |---- Cuboid 110110111, est row: 5942, est MB: 0.1, shrink: 99.92%
            |---- Cuboid 110100111, est row: 5932, est MB: 0.09, shrink: 99.83%
                |---- Cuboid 110000111, est row: 5957, est MB: 0.09, shrink: 100.42%
    |---- Cuboid 111110111, est row: 5967, est MB: 0.12, shrink: 99.45%
        |---- Cuboid 111100111, est row: 5919, est MB: 0.12, shrink: 99.2%
            |---- Cuboid 111000111, est row: 5973, est MB: 0.12, shrink: 100.91%
    |---- Cuboid 111111000, est row: 5968, est MB: 0.1, shrink: 99.47%
        |---- Cuboid 101111000, est row: 5727, est MB: 0.09, shrink: 95.96%
            |---- Cuboid 100111000, est row: 5738, est MB: 0.07, shrink: 100.19%
                |---- Cuboid 100110000, est row: 5625, est MB: 0.07, shrink: 98.03%
                    |---- Cuboid 100100000, est row: 4850, est MB: 0.06, shrink: 86.22%
            |---- Cuboid 101110000, est row: 5740, est MB: 0.09, shrink: 100.23%
                |---- Cuboid 101100000, est row: 5742, est MB: 0.09, shrink: 100.03%
                    |---- Cuboid 101000000, est row: 5786, est MB: 0.09, shrink: 100.77%
        |---- Cuboid 110111000, est row: 5955, est MB: 0.08, shrink: 99.78%
            |---- Cuboid 110110000, est row: 5981, est MB: 0.08, shrink: 100.44%
                |---- Cuboid 110100000, est row: 5927, est MB: 0.07, shrink: 99.1%
                    |---- Cuboid 110000000, est row: 5921, est MB: 0.07, shrink: 99.9%
        |---- Cuboid 111110000, est row: 6017, est MB: 0.1, shrink: 100.82%
            |---- Cuboid 111100000, est row: 6010, est MB: 0.1, shrink: 99.88%
                |---- Cuboid 111000000, est row: 5912, est MB: 0.1, shrink: 98.37%
--------------------------------------------------------------------------------
```

图 6-1 CubeStatsReader 的输出

在该命令的输出中，可依次看到对每个 Segment 的分析结果，不同的 Segment 的分析结果基本趋同。在上面的例子中 Cube 只有一个 Segment，因此只有一份分析结果。对于该结果，从上往下看，首先能看到 Segment 的一些整体信息，如估计 Cuboid 大小的精度（Hll Precision）、总共的 Cuboid 数量、Segment 的总行数估计、Segment 的大小估计等。Segment 的大小估计是构建引擎自身用来指导后续子步骤的依据，如决定 mapper reducer 的数量、数据分片数量等，虽然有的时候对大小的估计存在误差（因为存储引擎对最后的 Cube 数据进行了编码或压缩，所以数据大小无法精确预估），但是从整体来说，对于不同的 Cuboid 的大小估计值可以给出一个比较直观的判断。由于没有编码或压缩时的不确定性因素，因此 Segment 中的行数估计会比大小估计更加精确一些。

从分析结果的下半部分可以看到，所有的 Cuboid 及它的分析结果都以树状的形式打印了出来。在这棵树中，每个节点代表一个 Cuboid，每个 Cuboid 都由一连串 1 或 0 的数字组成，数字串的长度等于有效维度的数量，从左到右的每个数字依次代表 Rowkeys 设置中的各个维度。如果数字为 0，则代表这个 Cuboid 中不存在相应的维度；如果数字为 1，则代表这个 Cuboid 中存在相应的维度。除了最顶端的 Cuboid 之外，每个 Cuboid 都有一个父亲 Cuboid，且都比父亲 Cuboid 少了一个 "1"。其意义是这个 Cuboid 就是由它的父亲节点减少一个维度聚合而来的（上卷）。最顶端的 Cuboid 称为 Base Cuboid，它直接由源数据计算而来。Base Cuboid 中包含所有的维度，因此它的数字串中所有的数字均为 1。

每行 Cuboid 的输出中除了 0 和 1 的数字串以外，后面还有每个 Cuboid 的具体信息，包括该 Cuboid 行数的估计值、该 Cuboid 大小的估计值，以及这个 Cuboid 的行数与父亲节点的对比（Shrink 值）。所有 Cuboid 行数的估计值之和应该等于 Segment 的行数估计值，同理，所有 Cuboid 的大小估计值应该等于该 Segment 的大小估计值。每个 Cuboid 都是在它的父亲节点的基础上进一步聚合而成的，因此从理论上说每个 Cuboid 无论是行数还是大小都应该小于它的父亲。但是，由于这些数值都是估计值，因此偶尔能够看到有些 Cuboid 的行数反而还超过了父亲节点，即 Shrink 值大于 100% 的情况。在这棵树中，我们可以观察每个节点的 Shrink 值，如果该值接近 100%，则说明这个 Cuboid 虽然比它的父亲 Cuboid 少了一个维度，但是并没有比它的父亲 Cuboid 少很多行数据。换而言之，即使没有这个 Cuboid，我们在查询时使用它的父亲 Cuboid，也不会有太大的代价。关于这方面的详细内容将在 6.1.4 节中详细展开。

6.1.3　检查 Cube 大小

还有一种更为简单的方法可以帮助我们判断 Cube 是否已经足够优化。在 Web GUI 的 Model 页面选择一个 READY 状态的 Cube，当我们把光标移到该 Cube 的 Cube Size 列时，Web GUI 会提示 Cube 的源数据大小，以及当前 Cube 的大小除以源数据大小的比例，称为膨胀率（Expansion Rate），如图 6-2 所示。

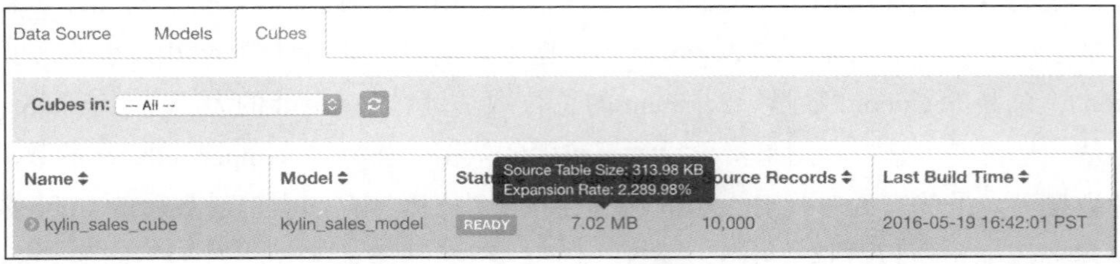

图 6-2　查看 Cube 的膨胀率

一般来说，Cube 的膨胀率应该在 0%~1000% 之间，如果一个 Cube 的膨胀率超过 1000%，那么 Cube 管理员应当开始挖掘其中的原因。通常，膨胀率高有以下几个方面的原因。

❑ Cube 中的维度数量较多，且没有进行很好的 Cuboid 剪枝优化，导致 Cuboid 数量极多。

❑ Cube 中存在较高基数的维度，导致包含这类维度的每一个 Cuboid 占用的空间都很大，这些 Cuboid 累积造成整体 Cube 体积变大。

❑ 存在比较占用空间的度量，例如 Count Distinct，因此需要在 Cuboid 的每一行中都为其保存一个较大的寄存器，最坏的情况将会导致 Cuboid 中每一行都有数十 KB，从而造成整个 Cube 的体积变大。

……

因此，对于 Cube 膨胀率居高不下的情况，管理员需要结合实际数据进行分析，可灵活地运用本章接下来介绍的优化方法对 Cube 进行优化。

6.1.4　空间与时间的平衡

理论上所有能用 Cuboid 处理的查询请求都可以使用 Base Cuboid 来处理，就好像所有能用 Base Cuboid 处理的查询请求都能够通过直接读取源数据的方式来处理一样。但是 Kylin 之所以在 Cube 中物化这么多的 Cuboid，就是因为不同的 Cuboid 有各自擅长的查询场景。面对一个特定的查询，使用精确匹配的 Cuboid 就好像是走了一条捷径，能帮助 Kylin 最快地返回查询结果，因为这个精确匹配的 Cuboid 已经为此查询做了最大努力的预先聚合，查询引擎中只需要做很少的运行时聚合就能返回结果。每个 Cuboid 其实都代表着一种查询的样式，如果每种样式都要做好精确的匹配，则会变得很奢侈，那么我们有必要考虑牺牲一部分查询样式的精确匹配 Cuboid。这个不精确匹配的 Cuboid 可能是 6.1.2 节中提到的 Cuboid 的父亲 Cuboid，甚至如果它的父亲 Cuboid 也被牺牲了，Kylin 可能会一路追溯到 Base Cuboid 来回答查询请求。使用不精确匹配的 Cuboid 比起使用精确匹配的 Cuboid，需要做更多查询时的聚合计算；但是如果 Cube 优化得当，那么查询时的聚合计算的开销就会没有想象中的那么恐怖。以 6.1.2 节中 Shrink 值接近 100% 的 Cuboid 为例，假设我们牺牲了这样的 Cuboid，那么只要它的父亲 Cuboid 被物化，使用它的父亲 Cuboid 的开销就没那么大，因为父亲 Cuboid 并没有比它多很多行的记录。

从以上角度来说，Kylin 的核心优势在于使用额外的空间存储预计算的结果，以换取查询时间的缩减。而 Cube 的剪枝优化则是一种试图减少额外空间占用的方法，这种方法的前提是不会明显影响查询时间的缩减。在做剪枝优化的时候，需要选择跳过那些"多余"的 Cuboid：有的 Cuboid 因为查询样式的原因永远不会被查询到，因此显得多余；有的 Cuboid 的能力和其他 Cuboid 接近，因此显得多余。但是 Cube 管理员无法提前甄别每一个 Cuboid 是否多余，因此 Kylin 提供了一系列简单的工具来帮助他们完成 Cube 的剪枝优化。

6.2　剪枝优化的工具

6.2.1　使用衍生维度

首先让我们观察以下这个维度表（Lookup Table），如图 6-3 所示。

这是一个常见的时间维度表，里面充斥着用途各异的时间维度，例如每个日期所处的星期、每个日期所处的月份等。这些维度可以被分析师灵活地用来进行各个时间粒度上的聚合分析，而不需要进行额外的上卷（Roll Up）操作。但是为了这个目的一下子引入这么多个维度，导致 Cube 中总共的 Cuboid 数量呈现爆炸式的增长往往是得不偿失的，所以在维度中只放入了这个维度表的主键（在底层实现中，我们更偏向使用事实表上的外键，因为在 left joint 的情况下事实表外键是维度表主键的超集），也就是只物化按日聚合的 Cuboid。当用户需要以更高的粒度（比如按周、按月）来聚合时，如果在查询时获取按日聚合的 Cuboid 数据，并在查询引擎中

图 6-3　一个维度表

实时地进行上卷操作，那么就达到了使用牺牲一部分运行时性能来节省 Cube 空间占用的目的。

Kylin 将这样的理念包装成为了一个简单的优化工具——衍生维度。衍生维度用于在有效维度内将维度表上的非主键维度排除掉，并使用维度表的主键（其实是事实表上相应的外键）来替代它们。Kylin 会在底层记录维度表主键与维度表其他维度之间的映射关系，以便在查询时能够动态地将维度表的主键"翻译"成这些非主键维度，并进行实时聚合。虽然听起来有些复杂，但是使用起来其实非常简单，在创建 Cube 的 Cube designer 的第二步，即添加维度的时候，要单击"Add Dimension"中的 Derived 而非 Normal，如图 6-4 所示。

　　系统会弹出新的对话框让用户填写这批衍生维度的细节，一批衍生维度对应一个需要做衍生维度处理的维度表。在这里首先为本批衍生维度命名，例如"derived_date"，然后在下面选择相应的维度表，并且选择维度表上的非主键维度（如图 6-5 所示）。如果维度表上的某个非主键维度没有通过"+New Derived"选中，那么在查询时就不能包含它，因为系统不会保存维度表主键（CAL_DT）与这个维度之间的映射关系。例如，假设没有选择 QTR_BEG_DT，那么带有 QTR_BEG_DT 的查询就会失败。

图 6-4　创建维度

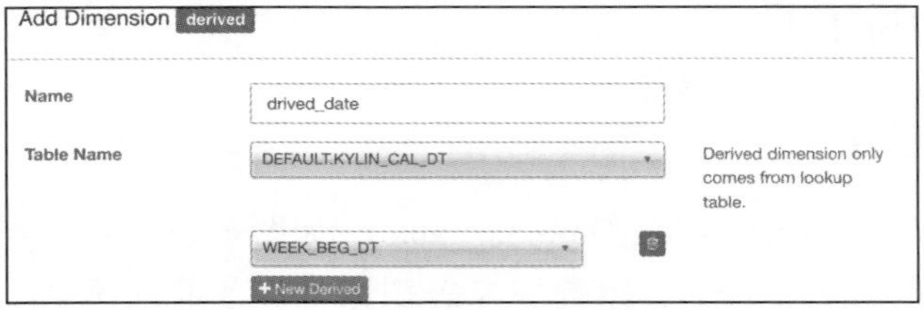

图 6-5　添加衍生维度

　　选中的衍生维度在 Cube 中并没有直接存在，事实上如果我们前往 Cube Designer 的 Advanced Setting，在 Aggregation Groups 和 Rowkeys 部分完全看不到这些衍生维度，我们甚至还会找不到这个维度表 KYLIN_CAL_DT 的主键，因为就如之前所描述的，我们实际上都是在用事实表上的外键作为这些衍生维度背后真正有效的维度，在前面的例子中，事实表与 KYLIN_CAL_DT 是通过以下的方式来连接的：

```
Join Condition:
DEFAULT.KYLIN_SALES.PART_DT = DEFAULT.
KYLIN_CAL_DT.CAL_DT
```

　　因此在 Advanced Setting 的 Rowkeys 部分就会看到 PART_DT 而看不到 CAL_DT，更看不到那些 KYLIN_CAL_DT 上的衍生维度（如图 6-6 所示）。

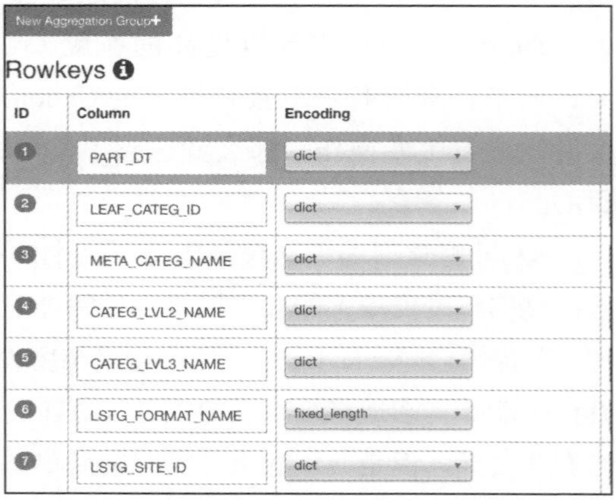

　　虽然衍生维度具有非常大的吸引力，但这也并不是说所有维度表上的维度都得变成衍生维度，如果从维度表主键到某个维度表维度所需要的聚合工作量非常大，例如从 CAT_DT 到

图 6-6　Advanced Setting 中的 PART_DT 外键

YEAR_BEG_DT 基本上需要 365∶1 的聚合量，那么将 YERR_BEG_DT 作为一个普通的维度，而不是衍生维度可能是一种更好的选择。

📊说明　衍生维度目前只用于衍生维度表上的维度，如果想要实现事实表上的衍生，例如从事实表的 user id 维度衍生出 user name 列，那么请参考 https://issues.apache.org/jira/browse/KYLIN-1313。

6.2.2　使用聚合组

聚合组（Aggregation Group）是一种更为强大的剪枝工具。聚合组假设一个 Cube 的所有维度均可以根据业务需求划分成若干组（当然也可以是一个组），由于同一个组内的维度更可能同时被同一个查询用到，因此会表现出更加紧密的内在关联。每个分组的维度集合均是 Cube 所有维度的一个子集，不同的分组各自拥有一套维度集合，它们可能与其他分组有相同的维度，也可能没有相同的维度。每个分组各自独立地根据自身的规则贡献出一批需要被物化的 Cuboid，所有分组贡献的 Cuboid 的并集就成为了当前 Cube 中所有需要物化的 Cuboid 的集合。不同的分组有可能会贡献出相同的 Cuboid，构建引擎会察觉到这点，并且保证每一个 Cuboid 无论在多少个分组中出现，它都只会被物化一次（如图 6-7 所示）。

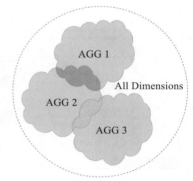

图 6-7　聚合组重叠示意图

对于每个分组内部的维度，用户可以使用如下三种可选的方式定义它们之间的关系，具体如下。

❏ 强制维度（Mandatory），如果一个维度被定义为强制维度，那么这个分组产生的所有 Cuboid 中每一个 Cuboid 都会包含该维度。每个分组中都可以有 0 个、1 个或多个强制维度。如果根据这个分组的业务逻辑，则相关的查询一定会在过滤条件或分组条件中，因此可以在该分组中把该维度设置为强制维度。

❏ 层级维度（Hierarchy），每个层级包含两个或更多个维度。假设一个层级中包含 $D_1,D_2\cdots D_n$ 这 n 个维度，那么在该分组产生的任何 Cuboid 中，这 n 个维度只会以 $(),(D_1),(D_1,D_2)\cdots(D_1,D_2\cdots D_n)$ 这 $n+1$ 种形式中的一种出现。每个分组中可以有 0 个、1 个或多个层级，不同的层级之间不应当有共享的维度。如果根据这个分组的业务逻辑，则多个维度直接存在层级关系，因此可以在该分组中把这些维度设置为层级维度。

❑ 联合维度（Joint），每个联合中包含两个或更多个维度，如果某些列形成一个联合，那么在该分组产生的任何 Cuboid 中，这些联合维度要么一起出现，要么都不出现。每个分组中可以有 0 个或多个联合，但是不同的联合之间不应当有共享的维度（否则它们可以合并成一个联合）。如果根据这个分组的业务逻辑，多个维度在查询中总是同时出现，则可以在该分组中把这些维度设置为联合维度。

这些操作可以在 Cube Designer 的 Advanced Setting 中的 Aggregation Groups 区域完成，如图 6-8 所示。

图 6-8　Advanced Setting 中的 Aggregation Groups

从图 6-8 中可以看到目前 Cube 中只有一个分组，单击左下角的"New Aggregation Group"可以添加一个新的分组。在某一个分组内，我们首先需要制定这个分组包含（Include）哪些维度，然后就可以进行强制维度、层级维度和联合维度的创建。除了 Include 选项，其他的三项都是可选的。

聚合组的设计非常灵活，甚至可以用来描述一些极端的设计。假设我们的业务需求非常单一，只需要某些特定的 Cuboid，那么可以创建多个聚合组，每个聚合组代表一个 Cuboid。具体的方法是在聚合组中先包含某个 Cuboid 所需的所有维度，然后把这些维度都设置为强制维度。这样当前的聚合组就只能产生我们想要的那一个 Cuboid 了。

再比如，有的时候我们的 Cube 中有一些基数非常大的维度，如果不做特殊处理，它就会和其他的维度进行各种组合，从而产生一大堆包含它的 Cuboid。包含高基数维度的 Cuboid 在行数和体积上往往非常庞大，这会导致整个 Cube 的膨胀率变大。如果根据业务需求知道这个高基数的维度只会与若干个维度（而不是所有维度）同时被查询到，那么就可以通过聚合组对这个高基数维度做一定的"隔离"。我们把这个高基数的维度放入一个单独的聚合组，再把所有可能会与这个高基数维度一起被查询到的其他维度也放进来。这样，这个高基数的维度就被"隔离"在一个聚合组中了，所有不会与它一起被查询到的维度都没有和它一起出现在任何一个分组中，因此也就不会有多余的 Cuboid 产生。这点也大大减少了包含该高基数维度的 Cuboid 的数量，可以有效地控制 Cube 的膨胀率。

6.3　并发粒度优化

当 Segment 中某一个 Cuboid 的大小超出一定的阈值时，系统会将该 Cuboid 的数据分片到多个分区中，以实现 Cuboid 数据读取的并行化，从而优化 Cube 的查询速度。具体的实现方式如下：构建引擎根据 Segment 估计的大小，以及参数"kylin.hbase.region.cut"的设置决定 Segment 在存储引擎中总共需要几个分区来存储，如果存储引擎是 HBase，那么分区的数量就对应于 HBase 中的 Region 数量。kylin.hbase.region.cut 的默认值是 5.0，单位是 GB，也就是说对于一个大小估计是 50GB 的 Segment，构建引擎会给它分配 10 个分区。用户还可以通过设置 kylin.hbase.region.count.min（默认为 1）和 kylin.hbase.region.count.max（默认为 500）两个配置来决定每个 Segment 最少或最多被划分成多少个分区。

由于每个 Cube 的并发粒度控制不尽相同，因此建议在 Cube Designer 的 Configuration Overwrites 中为每个 Cube 量身定制控制并发粒度的参数。在以下的例子中，将把当前 Cube 的 kylin.hbase.region.count.min 设置为 2，kylin.hbase.region.count.max 设置为 100（如图 6-9 所示）。这样无论 Segment 的大小如何变化，它的分区数量最小都不会低于 2，最大都不会超过 100。相应地，这个 Segment 背后的存储引擎（HBase）为了存储这个 Segment，也不会使用小于两个或超过 100 个的分区。我们还调整了默认的 kylin.hbase.region.cut，这样 50GB 的 Segment 基本上会被分配到 50 个分区，相比默认设置，我们的 Cuboid 可能最多会获得 5 倍的并发量。

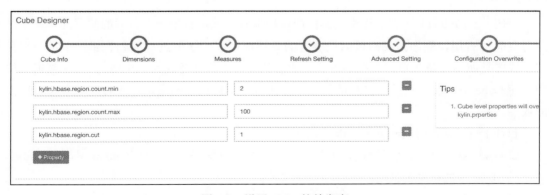

图 6-9　设置 Cube 的并发度

6.4 Rowkeys 优化

前面章节的侧重点是减少 Cube 中 Cuboid 的数量，尤其是减少那些包含高基数维度的 Cuboid 的数量，因为这类 Cuboid 的占用空间往往比其他 Cuboid 大很多。我们将以减少 Cuboid 数量为目的的 Cuboid 优化统称为 Cuboid 剪枝。本节将侧重通过 Cube 的 Rowkeys 方面的设置来优化 Cube 的查询性能。

Cube 的每个 Cuboid 中都包含了大量的行，每个行又分为 Rowkeys 和 Measure 部分。每行 Cuboid 数据中的 Rowkeys 都包含当前 Cuboid 中所有维度值的组合。Rowkeys 中的各个维度按照 Cube Designer → Advanced Setting → RowKeys 中定义的次序和编码进行组织（如图 6-10 所示）。

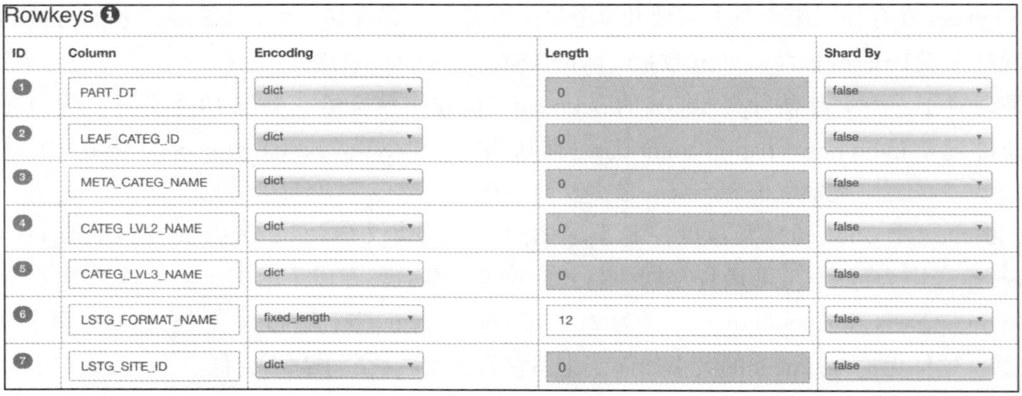

图 6-10　定义 Rowkeys 的次序

在 Rowkeys 设置区域中，每个维度都有几项关键的配置，下面将逐一道来。

6.4.1　编码

编码（Encoding）代表了该维度的值应使用何种方式进行编码，合适的编码能够减少维度对空间的占用，例如，我们可以把所有的日期都用三个字节进行编码，相比于字符串存储，或者是使用长整数形式存储的方法，我们的编码方式能够大大减少每行 Cube 数据的体积。而 Cube 中可能存在数以亿计的行数，使用编码节约的空间累加起来将是一个非常巨大的数字。

目前 Kylin 支持的编码方式有以下几种。

❑ Date 编码：将日期类型的数据使用三个字节进行编码，其支持从 0000-01-01 到 9999-01-01 中的每一个日期。

❑ Time 编码：仅支持表示从 1970-01-01 00:00:00 到 2038-01-19 03:14:07 的时间，且 Timestamp 类型的维度经过编码和反编码之后，会失去毫秒信息，所以说 Time 编码仅仅支持到秒。但是 Time 编码的优势是每个维度仅仅使用 4 个字节，这相比普通的长整数编码节约了一半。如果能够接受秒级的时间精度，请选择 Time 编码来代表时间的维度。

❑ Integer 编码：Integer 编码需要提供一个额外的参数 "Length" 来代表需要多少个字节。Length 的长度为 1 ~ 8。如果用来编码 int32 类型的整数，可以将 Length 设为 4；如果用来编码 int64 类型的整数，可以将 Length 设为 8。在更多情况下，如果知道一个整数类型维度的可能值都很小，那么就能使用 Length 为 2 甚至是 1 的 int 编码来存储，这将能够有效避免存储空间的浪费。

❑ Dict 编码：对于使用该种编码的维度，每个 Segment 在构建的时候都会为这个维度所有可能的值创建一个字典，然后使用字典中每个值的编号来编码。Dict 的优势是产生的编码非常紧凑，尤其在维度值的基数较小且长度较大的情况下，特别节约空间。由于产生的字典是在查询时加载入构建引擎和查询引擎的，所以在维度的基数大、长度也大的情况下，容易造成构建引擎或查询引擎的内存溢出。

❑ Fixed_length 编码：编码需要提供一个额外的参数 "Length" 来代表需要多少个字节。该编码可以看作 Dict 编码的一种补充。对于基数大、长度也大的维度来说，使用 Dict 可能不能正常工作，于是可以采用一段固定长度的字节来存储代表维度值的字节数组，该数组为字符串形式的维度值的 UTF-8 字节。如果维度值的长度大于预设的 Length，那么超出的部分将会被截断。

在未来，Kylin 还有可能为特定场景、特定类型的维度量身定制特别的编码方式，例如在很多行业，身份证号码可能就是一个重要的维度，但是身份证号码由于其具有特殊性而不能使用整数类型的编码（身份证最后一位可能是 X），其高基数的特点也决定了不能使用 dict 编码，在目前的版本中只能使用 fixed_length 编码，但是显然 fixed_length 不能充分利用身份证号码中大部分字节是数字的特性来进行深度编码，因此存在一定程度的浪费。

6.4.2　按维度分片

6.3 节已经提到了系统可能会对 Cuboid 的数据进行分片处理。但是默认情况下 Cuboid 的分片策略是随机的，也就是说，我们无法控制 Cuboid 的哪些行会被分到同一个分片中。这种默认的方法固然能够提高读取的并发程度，但是它仍然有优化的空间。按维度分片（Shard by Dimension）提供了一种更加高效的分片策略，那就是按照某个特定维度进行分片。简单地说，如果 Cuboid 中某两个行的 Shard by Dimension 的值相同，那么无论这个 Cuboid 最终会被划分成多少个分片，这两行数据必然会被分配到同一个分片中。

这种分片策略对查询有着极大的好处。我们知道，Cuboid 的每个分片都会被分配到存储引擎的不同物理机器上。Kylin 在读取 Cuboid 数据的时候会向存储引擎的若干机器发送所读取的 RPC 请求。在 RPC 请求接收端，存储引擎会读取本机的分片数据，并在进行一定的预处理后再发送 RPC 回应（如图 6-11 所示）。以 HBase 存储引擎为例，不同的 Region 代表不同的 Cuboid 分片，在读取 Cuboid 数据的时候，HBase 会为每个 Region 开启一个 Coprocessor 实例来处理查询引擎的请求。查询引擎将查询条件和分组条件作为请求参数的一部分发送到 Coprocessor 中，Coprocessor 就能够在返回结果之前先对当前分片的数据做一定的预聚合（这里的预聚合不是 Cube 构建的预聚合，而是针对特定查询深度的预聚合）。

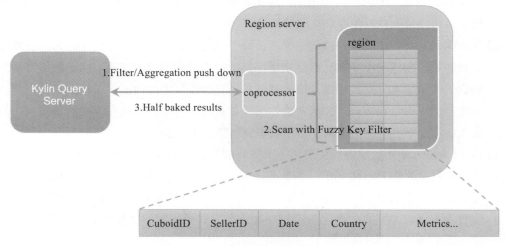

图 6-11　存储引擎执行 RPC 查询

如果按照维度划分分片，假设按照一个基数比较高的维度 seller_id 进行分片，那么在这种情况下，每个分片将会承担一部分的 seller_id，且各个分片不会有相同的 seller_id。所有按照 seller_id 分组（Group by seller_id）的查询都会变得更加高效，因为每个分区预聚合的结果都会更加专注于某一些 seller_id 之上，使得分片返回的结果数量大大减少，查询引擎端也无需对各个分片的结果做分片间的聚合。按维度分片也能让过滤条件的执行更加高效，因为是按维度分片，所以每个分片的数据都会更加"整洁"，更方便查找和索引。

6.4.3　调整 Rowkeys 顺序

在 Cube Designer → Advanced Setting → Rowkeys 部分，我们可以上下拖动每一个维度来调节维度在 Rowkeys 中的顺序。这种顺序对于查询非常重要，因为在目前的实现中，Kylin 会把所有的维度按照顺序黏合成一个完整的 Rowkeys，并且按照这个 Rowkeys 升序排列 Cuboid 中所有的行（如图 6-12 所示）。

不难发现，如果在一个比较靠后的维度上有过滤条件，那么这个过滤条件的执行就会非常复杂。以目前的 HBase 存储引擎为例，Rowkeys 对应 HBase 中的 Rowkeys，是一段字节数组。目前没有创建单独的每个维度上的倒排索引，因此对于在比较靠后的维度上的过滤条件，只能依靠 HBase 的 FuzzyKeyFilter 来执行。尽管 HBase 做了大量相应的优化，但是因为是在对靠后的字节运用 FuzzyKeyFilter，因此一旦前面维度的基数很大，那么 FuzzyKeyFilter 的寻找代价就会很高，执行效率就会变差。所以，在调整 Rowkeys 的顺序时需要遵守以下几个原则。

Dimensions					Metrics		
D1	D2	D3	D4	D5	M1	M2	M2
a1	b1	c1	d1	e1	100	200	300
a2	b2	c2	d2	e2	200	400	600
a1	xxx	c1	yyy	e1	1	1	1

Logical table for cuboid 00010101

Dimensions			Metrics		
D1	D3	D5	M1	M2	M2
a1	c1	e1	101	201	301
a2	c2	e2	200	400	600

Row Key		Metric
00010101	a1,c1,e1	101,201,301
00010101	a2,c2,e2	200,400,600

HBase schema

图 6-12　HBase 中的 Rowkeys 存储

- 在查询中被用作过滤条件的维度有可能放在其他维度的前面。
- 将经常出现在查询中的维度放在不经常出现的维度的前面。
- 对于基数较高的维度，如果查询会有这个维度上的过滤条件，那么将它往前调整；如果没有，则向后调整。最好是结合 6.2.2 节的聚合组一起使用。

6.5　其他优化

6.5.1　降低度量精度

有一些度量具有多种可选精度，但是精度越高的度量往往越会存在一定的代价，它意味着更大的占用空间和运行时开销。以近似值的 Count Distinct 度量为例，Kylin 提供了多种可选精度，现挑选其中的几种进行对比，见表 6-1。

表 6-1 Count Distinct 精度和占用空间列表

Count Distinct 类型	精确度	每行占用空间
HLLC 10	< 9.75%	1KB
HLLC 12	< 4.88%	4KB
HLLC 14	< 2.44%	16KB
HLLC 15	< 1.72%	32KB
HLLC 16	< 1.22%	64KB

可以看到，精度最大的类型比精度最小的类型多出 64 倍的空间占用，而即使精度最小的 Count Distinct 度量也已经非常占用空间了。因此，当业务可以接受较低一些的精度时，用户应当考虑到 Cube 空间方面的影响，尽量选择小精度的度量。

6.5.2 及时清理无用的 Segment

在第 3 章中已经提到过，随着增量构建出来的 Segment 的慢慢累积，Cube 的查询性能将会变差，因为每次跨 Segment 的查询都需要从存储引擎中读取每一个 Segment 的数据，并且在查询引擎中对不同 Segment 的数据做进一步的聚合，这对于查询引擎和存储引擎来说都是巨大的压力。从这个角度来说，及时地使用第 3 章介绍的 Segment 碎片清理方法，有助于提高 Cube 的使用效率。

6.6 小结

本章从多个角度介绍了 Cube 优化的方法：从 Cuboid 剪枝的角度，从并发粒度控制的角度，从 Rowkeys 设计的角度，还有从度量精度选择的角度。总的来说，Cube 优化需要 Cube 管理员对 Kylin 有较为深刻的理解和认识，这也在无形中提高了使用和管理 Kylin 的门槛。为此，我们希望在将来的版本中能够通过机器学习，以及对数据分布和查询样式的分析方法，自动化一部分优化操作，帮助用户更加容易地管理 Kylin 中的数据。

第 7 章　*Chapter 7*

应用案例分析

前面的章节已经介绍了 Apache Kylin 的基本工作原理，包括如何在 Hive 或 Kafka 中准备数据源，如何根据业务需求设计星形数据模型，如何基于数据模型设计和优化 Cube，以及不同的 Cube 构建算法、SQL 查询和可视化的多种接口。本章将结合应用案例，介绍 Apache Kylin 在真实业务场景中的详细使用过程和优化方案，以期读者在实现自己的业务需求时能够有所帮助。案例中所用到的数据集和工具都包含在 Apache Kylin 的二进制包中，感兴趣的读者可以自行下载，并参照本书的介绍动手试验。

7.1　基本多维分析

在 Apache Kylin 官方提供的二进制包中，包括一份基于销售业务分析应用场景的样例数据，可帮助用户快速体验 Apache Kylin 的功能。本节将基于这一数据集，为读者介绍从零开始到最终实现 SQL 快速查询的全部过程。

7.1.1　数据集

Apache Kylin 官方提供的这一份样例数据集规模并不大，总共仅有 1MB 左右，共计 3 张表，其中事实表有 10 000 条数据。因为数据规模较小，所以在虚拟机中进行快速实践和操作很方便。读者可以自行搭建 Hadoop Sandbox 的虚拟机并快速部署 Apache Kylin，然后导入该数据集进行试验。有关 Apache Kylin 快速安装部署的方法，请参考本书 10.2 节的内容。

在前面的章节中已经提到过，Apache Kylin 仅支持星形的数据模型。这里用到的样例数据集就是一个规范的星形模型结构，它总共包含了如下 3 个数据表。

（1）KYLIN_SALES

该表是事实表，保存了销售订单的明细信息。每一列均保存了卖家、商品分类、订单金额、商品数量等信息，每一行对应着一笔交易订单。

（2）KYLIN_CATEGORY_GROUPINGS

该表是维表，保存了商品分类的详细介绍，例如商品分类名称等。

（3）KYLIN_CAL_DT

该表是维表，保存了时间的扩展信息。如单个日期所在的年始、月始、周始、年份、月份等。

这三张表一起构成了整个星形模型的结构，图 7-1 是实例－关系图（因篇幅有限，图 7-1 中未列出表上的所有列）。

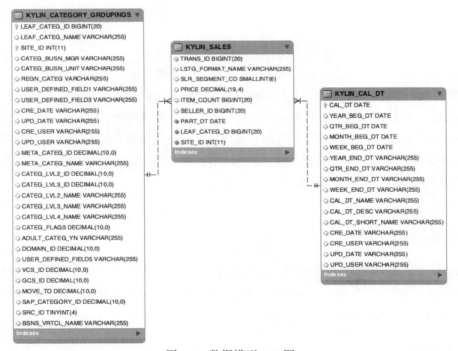

图 7-1　数据模型 E-R 图

在介绍完三张表之间的关系之后，再对表中的一些关键字段进行介绍，见表 7-1。

表 7-1　数据表字段介绍

表	字　　段	意　　义
KYLIN_SALES	PART_DT	订单日期
KYLIN_SALES	LEAF_CATEG_ID	商品分类 ID

（续）

表	字　　段	意　　义
KYLIN_SALES	SELLER_ID	卖家 ID
KYLIN_SALES	PRICE	订单金额
KYLIN_SALES	ITEM_COUNT	购买商品个数
KYLIN_SALES	LSTG_FORMAT_NAME	订单交易类型
KYLIN_CATEGORY_GROUPINGS	USER_DEFINED_FIELD1	用户定义字段 1
KYLIN_CATEGORY_GROUPINGS	USER_DEFINED_FIELD3	用户定义字段 3
KYLIN_CATEGORY_GROUPINGS	UPD_DATE	更新日期
KYLIN_CATEGORY_GROUPINGS	UPD_USER	更新负责人
KYLIN_CATEGORY_GROUPINGS	META_CATEG_NAME	一级分类
KYLIN_CATEGORY_GROUPINGS	CATEG_LVL2_NAME	二级分类
KYLIN_CATEGORY_GROUPINGS	CATEG_LVL3_NAME	三级分类
KYLIN_CAL_DT	CAL_DT	日期
KYLIN_CAL_DT	WEEK_BEG_DT	周始日期

到这里，读者对案例所用的数据集应该有一个详细的了解了。接下来，我们开始使用 Apache Kylin 对这些数据进行真实的操作吧！

7.1.2　数据导入

首先，把数据导入 Hive，作为 Hive 表。部署好 Apache Kylin 实例之后，在 Apache Kylin 安装目录的 bin 文件夹中，有一个可执行脚本，用户可以调用它把样例数据导入 Hive 中，如下：

```
$KYLIN_HOME/bin/sample.sh
```

脚本执行成功之后，建议读者执行 Hive 命令行，以确认这些数据已经导入成功，命令如下：

```
hive
hive> show tables;
OK
kylin_cal_dt
kylin_category_groupings
kylin_sales
Time taken: 0.127 seconds, Fetched: 3 row(s)
hive> select count(*) from kylin_sales;
Query ID = root_20160707221515_b040318d-1f08-44ab-b337-d1f858c46d7d
Total jobs = 1
Launching Job 1 out of 1
Number of reduce tasks determined at compile time: 1
In order to change the average load for a reducer (in bytes):
    set hive.exec.reducers.bytes.per.reducer=<number>
```

```
In order to limit the maximum number of reducers:
    set hive.exec.reducers.max=<number>
In order to set a constant number of reducers:
    set mapreduce.job.reduces=<number>
Starting Job = job_1467288198207_0129, Tracking URL = http://sandbox.
hortonworks.com:8088/proxy/application_1467288198207_0129/
Kill Command = /usr/hdp/2.2.4.2-2/hadoop/bin/hadoop job  -kill
job_1467288198207_0129
Hadoop job information for Stage-1: number of mappers: 1; number of reducers: 1
2016-07-07 22:15:11,897 Stage-1 map = 0%,  reduce = 0%
2016-07-07 22:15:17,502 Stage-1 map = 100%,  reduce = 0%, Cumulative CPU 1.64 sec
2016-07-07 22:15:25,039 Stage-1 map = 100%,  reduce = 100%, Cumulative CPU 3.37 sec
MapReduce Total cumulative CPU time: 3 seconds 370 msec
Ended Job = job_1467288198207_0129
MapReduce Jobs Launched:
Stage-Stage-1: Map: 1  Reduce: 1   Cumulative CPU: 3.37 sec   HDFS Read: 505033
HDFS Write: 6 SUCCESS
Total MapReduce CPU Time Spent: 3 seconds 370 msec
OK
10000
Time taken: 24.966 seconds, Fetched: 1 row(s)
```

然后，打开 Apache Kylin 的 Web UI，在如图 7-2 所示的页面中创建一个新的项目（Project），并命名为 Kylin_Sample_1。

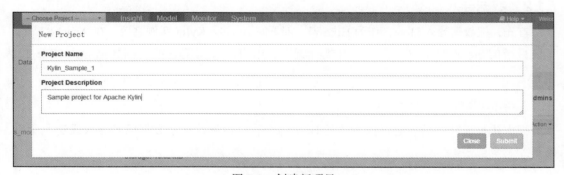

图 7-2　创建新项目

在 Web UI 的左上角选择刚刚创建的项目（如图 7-3 所示），表示接下来的全部操作都在这个项目中，并且在当前项目中进行的操作不会对其他项目产生影响。

图 7-3　选择项目

最后，把 Hive 数据表同步到 Kylin 当中，为了方便操作，我们通过"Load Hive Table Metadata From Tree"的方式进行同步（如图 7-4 所示）。

图 7-4　同步 Hive 表

导入后系统会自动计算各表各列的维数，以掌握数据的基本情况。稍等几分钟后，就可以通过数据源表的详情页查看这些信息了（如图 7-5 所示）。

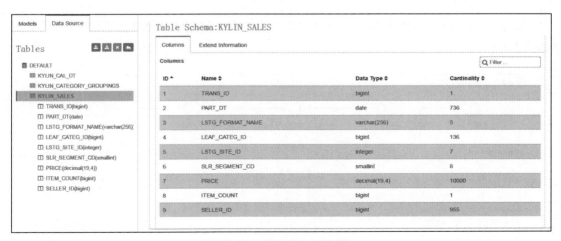

图 7-5　查看 Hive 表信息

7.1.3　创建数据模型

在数据源就绪的基础之上，现在可以开始创建数据模型了。从图 7-1 所示的表间关系可以看出，该模型包含 1 个事实表和 2 个维表，表间通过外键进行关联。实际上，并不是表上所有的字段都有被分析的需要，因此我们可以有目的地仅选择所需要的字段添加到数据模型中；然后，根据分析师用户的具体分析场景，把这些字段设置为维度或度量。

下面来看一下在 Apache Kylin 中是如何创建数据模型的。操作前从 Web UI 的左上角项目列表中选择刚刚创建的 Kylin_Sample_1 项目，然后进入 Models 页面（如图 7-6 所示）。

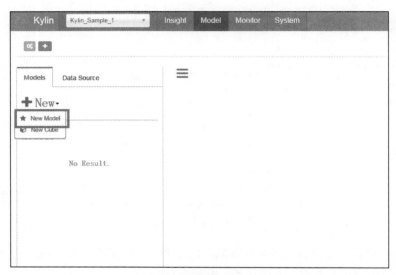

图 7-6　新建数据模型（1）

第一步，创建一个数据模型（Data Model），并命名为 Sample_Model_1，然后单击下一步（如图 7-7 所示）。

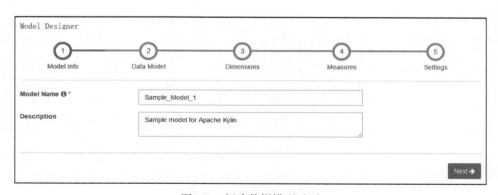

图 7-7　新建数据模型（2）

第二步，为模型选择事实表（Fact Table）和维表（Lookup Table）。根据星形模型结构，选择 KYLIN_SALES 为事实表，然后添加 KYLIN_CAL_DT 和 KYLIN_CATEGORY_GROUP

INGS 作为维表，并设置好连接条件。

（1）KYLIN_CAL_DT

连接类型：Inner

连接条件：DEFAULT.KYLIN_SALES.PART_DT = DEFAULT.KYLIN_CAL_DT.CAL_DT

（2）KYLIN_CATEGORY_GROUPINGS

连接类型：Inner

连接条件：DEFAULT.KYLIN_SALES.LEAF_CATEG_ID=DEFAULT.KYLIN_CATEGORY_GROUPINGS.LEAF_CATEG_ID 和 DEFAULT.KYLIN_SALES.LSTG_SITE_ID=DEFAULT.KYLIN_CATEGORY_GROUPINGS.SITE_ID

图 7-8 是设置好之后的界面，在此显示出以供参考。

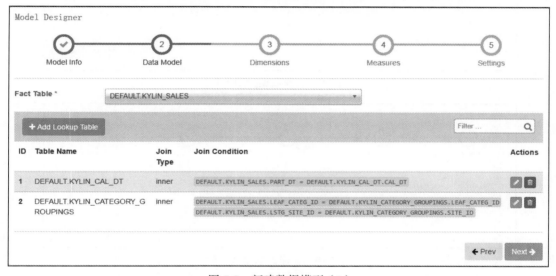

图 7-8　新建数据模型（3）

第三步，从上一步添加的事实表和维表中选择需要作为维度的字段。一般会把时间当作过滤条件，所以这里首先添加时间字段。此外，再添加商品分类、卖家 ID 等字段作为维度，具体情况如图 7-9 所示。

第四步，根据业务需要，从事实表上选择衡量指标的字段作为度量。例如，PRICE 字段用来衡量销售额，ITEM_COUNT 字段用来衡量商品销量，SELLER_ID 用来衡量卖家的销售能力等，最终结果如图 7-10 所示。

第五步，设置时间分段。一般来说，销售数据都是与日俱增的，每天都会有新数据通过 ETL 到达 Hive 中，因此需要选择通过增量构建的方式构建 Cube，故而选择用于分段的时间字段 DEFAULT.KYLIN_SALES.PART_DT 作为时间分割列。根据样例数据可以看到，这一列时间的格式是 yyyy-MM-dd，所以选择对应的日期格式。此外，我们既不需要设置单独的时间分区列，也不需要添加固定的过滤条件，设置效果如图 7-11 所示。

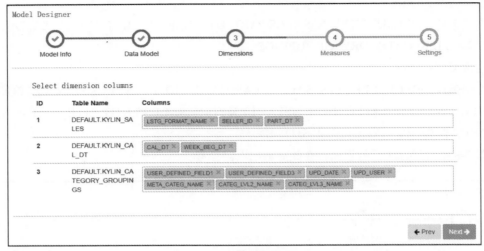

图 7-9　新建数据模型（4）

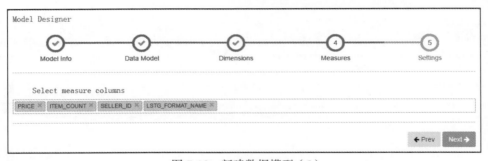

图 7-10　新建数据模型（5）

最后，单击保存（Save）按钮，到此数据模型就创建成功了。

7.1.4　创建 Cube

在创建好数据模型之后，还需要根据查询需求定义度量的预计算类型、维度的组合等，这个过程就是 Cube 的设计过程。

在 Apache Kylin 的 Web UI 中，首先需要选择 Kylin_Sample_1 项目，跳转到 Models 页面，然后按照图 7-12 所示的内容创建一个 Cube。

第一步，在"Model Name"中选择上一过程创建好的数据模型 Kylin_Sample_Model_1，输入新建 Cube 的名称 Kylin_Sample_Cube_1，其余字段保持默认，然后单击"Next"（如图 7-13 所示）。

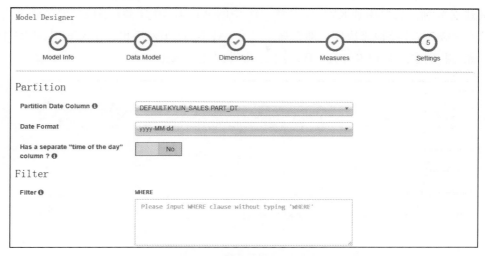

图 7-11　新建数据模型（6）

图 7-12　新建 Cube（1）

第二步，从数据模型的维度中选择一些列作为 Cube 的维度。这里的设置会影响到生成的 Cuboid 数量，进而影响 Cube 的数据量大小。

在 KYLIN_CATEGORY_GROUPINGS 表里，和商品分类相关的三个字段（META_CATEG_NAME、CATEG_LVL2_NAME、CATEG_LVL3_NAME）都可能出现在过滤条件中，我们先把它们添加为普通类型维度（Normal Dimension）。因为从维表上添加普通维度不能通过自动生成器（Auto Generator）生成，因此这里采用手动添加的方式，具体过程如下。

1）单击添加维度按钮（Add Dimension），然后选择普通类型（Normal）。

2）针对每一个维度字段，首先在 Name 输入框中输入维度名称，在 Table Name 中选择 KYLIN_CATEGORY_GROUPINGS 表，然后在 Column Name 中选择相应的列名。

此外，在查询中经常会把时间作为过滤或聚合的条件，如按周过滤、按周聚合等。这里以按周过滤为例，需要用到 KYLIN_CAL_DT 中的 WEEK_BEG_DT 字段，但是该字段实际上可以由 PART_DT 字段来决定，即根据每一个 PART_DT 值对应出一个 WEEK_BEG_DT 字段，因此，我们添加 WEEK_BEG_DT 字段为衍生维度（Derived）。

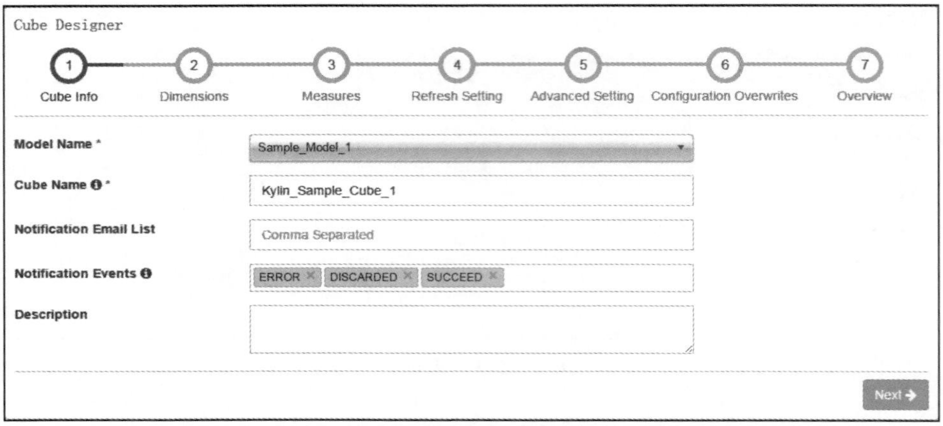

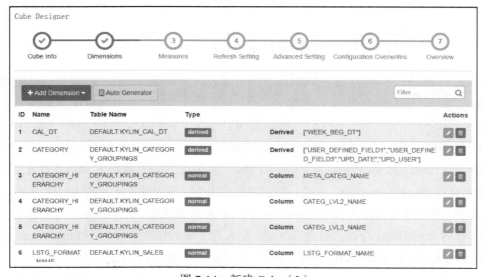

图 7-13　新建 Cube（2）

同样的，DEFAULT.KYLIN_CATEGORY_GROUPINGS 表中还有一些可作为衍生维度的字段，如 USER_DEFINED_FIELD1、USER_DEFINED_FIELD3、UPD_DATE、UPD_USER 等。

在事实表上，表征交易类型的 LSTG_FORMAT_NAME 字段也会用于过滤或聚合条件，因此，我们再添加 LSTG_FORMAT_NAME 字段作为普通维度。

最终，维度的设置结果如图 7-14 所示。

图 7-14　新建 Cube（3）

第三步，根据数据分析中的聚合需求，为 Cube 定义度量的聚合形式。默认情况下，系统会自动创建一个 COUNT() 聚合，用于考量交易订单的数量。在这个案例中，还需要通过 PRICE 的不同聚合形式考量销售额，如总销售额为 SUM(PRICE)、最高订单金额为 MAX(PRICE)、最低订单金额为 MIN(PRICE)。因此，我们手动创建三个度量，分别选择聚合表达式为 SUM、MIN、MAX，并选择 PRICE 列作为目标列（如图 7-15 所示）。

其次，我们还需要通过 COUNT(DISTINCT SELLER_ID) 考量卖家个数。根据前面章节的介绍，Apache Kylin 默认使用 HyperLogLog 算法进行 COUNT_DISTINCT 的计算，该算法是个近似算法，在创建度量时需要选择一个近似度，本案例对精确性的要求不高，为了提升查询性能，这里选择精度较低的"Error Rate < 9.75%"。同样，再创建一个 COUNT(DISTINCT LSTG_FORMAT_NAME) 的度量考量不同条件下的交易类型（如图 7-16 所示）。

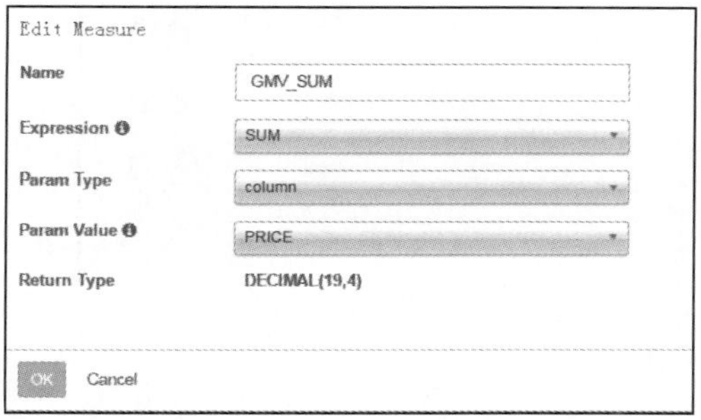

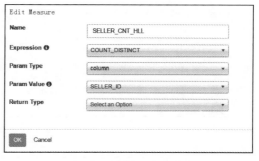

图 7-15　新建 Cube（4）　　　　　　图 7-16　新建 Cube（5）

在销售业务分析的场景中，往往需要挑选出销售业绩最好的商家，这时候就需要用到 TOP-N 的度量了。在这个例子中，我们会选出 SUM(PRICE) 最高的一些 SELLER_ID，实际上就是执行如下的 SQL 语句：

```
SELECT SELLER_ID, SUM(PRICE) FROM KYLIN_SALES
GROUP BY SELLER_ID
ORDER BY SUM(PRICE) DESC
```

因此，我们创建一个 TOP-N 的度量，选择 PRICE 字段作为 SUM/ODER BY 字段，选择 SELLER_ID 字段作为 GROUP BY 字段，并选择 TOPN(100) 作为度量的精度（如图 7-17 所示）。

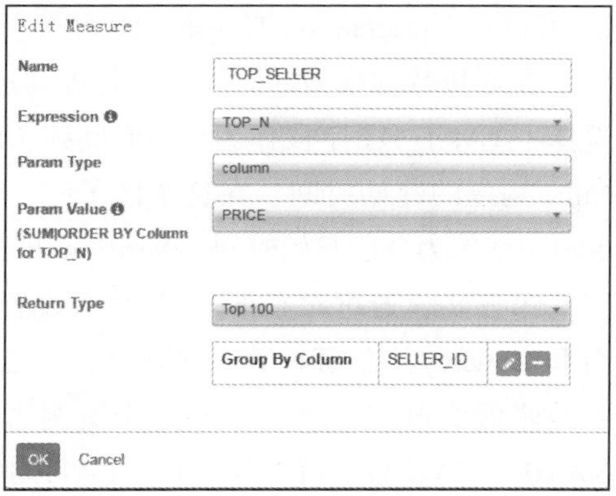

最终添加的度量如图 7-18 所示。

第四步，对 Cube 的构建和维护进行配置。一般情况下，一个销售统计的 SQL 查询往往会按月、周进行过滤和聚合，所以我们可以设置 Cube

图 7-17　新建 Cube（6）

自动按周、月进行自动合并，即每 7 天进行一次合并，每 4 周（28 天）进行一次合并，设置自动合并阈值（Auto Merge Thresholds），如图 7-19 所示。

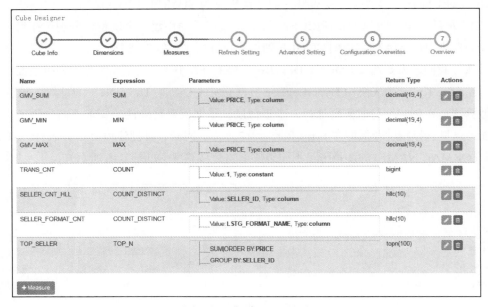

图 7-18　新建 Cube（7）

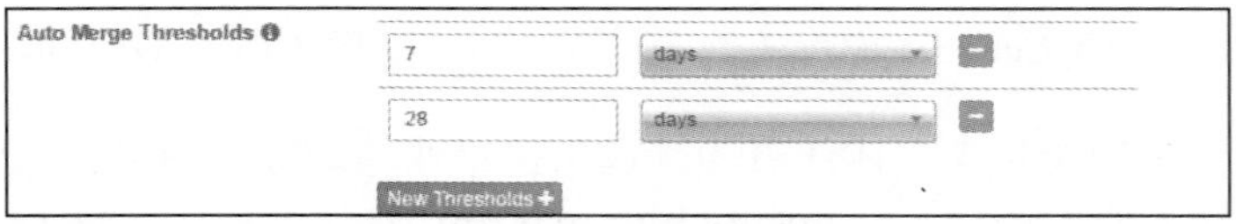

图 7-19　新建 Cube（9）

因为存在对于历史订单的查询需求，我们在此不对 Cube 做自动清理，所以需要设置保留时间阈值（Retention Threshold）为 0。

在创建数据模型的时候我们曾提到过，希望采用增量构建的方式对 Cube 进行构建，并选择了 PART_DT 字段作为分段时间列（Partition Date Column）。在创建 Cube 时，需要指定 Cube 构建的起始时间，在这个例子中，根据样例数据中的时间条件，我们选择 2012-01-01 00:00:00 作为分段起始时间（Partition Start Date）。

第五步，通过对 Cube 进行高级设置优化 Cube 的存储大小和查询速度，主要包括聚合组和 Rowkey。在第 6 章曾提到过，添加聚合组可以利用字段间的层级关系和包含关系有效地降低 Cuboid 的数量。在这个案例当中，与商品分类相关的三个字段（META_CATEG_NAME、CATEG_LVL2_NAME、CATEG_LVL3_NAME）实际上具有层级关系，如一级类别（META_CATEG_NAME）包含多个二级类别（CATEG_LVL2_NAME），二级类别又包含多个三级类别（CATEG_LVL3_NAME），所以，我们可以为它们创建层级结构的组合（Hierarchy Dimensions）。最终，聚合组的设计如图 7-20 所示。

图 7-20　新建 Cube（9）

在第 6 章中还提到过，参与 Cuboid 生成的维度都会作为 Rowkeys，因此需要把这些列添加到 Rowkeys 当中。在这个案例中，总共需要添加 7 个 Rowkeys。在每个 Rowkeys 上，还需要为列值设置编码方法。在这个案例中，除了把 LSTG_FORMAT_NAME 设置为 Fixed_length 类型（长度为 12）外，还要将其余的 Rowkeys 都设置为 Dict 编码。

Rowkeys 的顺序对于查询性能来说至关重要，正如第 6 章所讲的，一般把最常出现在过滤条件中的列放置在 Rowkeys 的前面，在这个案例中，是把 PART_DT 放在 Rowkeys 的第一位，后面按照层级来排列商品分类的字段。最终，Rowkeys 的设置如图 7-21 所示。

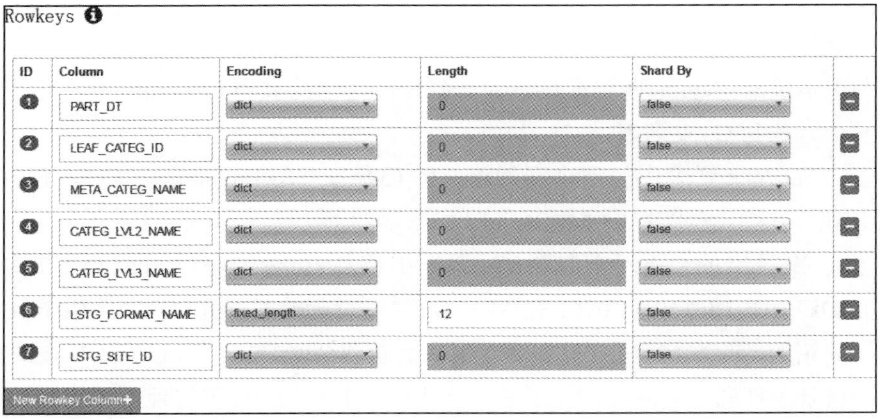

图 7-21　新建 Cube（10）

第六步，设置 Cube 的配置覆盖。在这里添加的配置项可以在 Cube 级别覆盖从 kylin.properties 配置文件读取出来的全局配置。在这个案例中，可以直接采用默认配置，不做任何修改。

第七步，对 Cube 的信息进行概览。请读者仔细确认这些基本信息，包括数据模型名称、事实表及维度和度量的个数。确认无误后单击" Save"按钮，并在弹出的确认提示框中选择"Yes"。

最终，Cube 的创建就完成了。这时刷新 Model 页面，在 Cube 列表中就可以看到新创建的 Cube 了。因为新创建的 Cube 没有被构建过，是不能被查询的，所以状态仍然是"禁用（DISABLED）"（如图 7-22 所示）。

Cubes										
Name ⇕	Status ⇕	Cube Size ⇕	Source Records ⇕	Last Build Time ⇕	Owner ⇕	Create Time ⇕		Actions	Admins	Streaming
ⓔ Kylin_Sample_Cube_1	DISABLED	0.00 KB	0		ADMIN	2016-07-16 02:57:52 PST		Action ▾	Action ▾	false

Total: 1
Storage: 0.00 KB

图 7-22　Cube 列表

7.1.5　构建 Cube

在创建好 Cube 之后，只有对 Cube 进行构建，才能利用它执行 SQL 查询。本节将一起完成一些 Cube 构建相关的任务。

提示　在第 3 章中提到过，Cube 的构建分为增量构建和全量构建两种方式，7.1.4 节创建的 Cube 采用了增量构建的方式。

1. 初次构建

首先打开 Apache Kylin 的 Web UI，并选择刚刚创建的 Kylin_Sample_1 项目，然后跳转到 Model 页面，找到 Cube 列表。

第一步，在 Cube 列表中找到刚刚创建好的 Cube——Kylin_Sample_Cube_1。单击右侧的 Action 按钮，在弹出的菜单中选择 Build（如图 7-23 所示）。

第二步，在弹出的 Cube 构建确认对话框中确认 Cube 的分段时间列（Partition Date Column）是 DEFAULT.KYLIN_SALES.PART_DT，以及起始时间是 2012-01-01 00:00:00。正如第 3 章所介绍的，一次构建会为 Cube 产生一个新的 Segment，每次的 SQL 查询都会访问一个或多个符合条件的 Segment；为了尽可能地让一个 Segment 更好地适用于查询条件，因此选择按年构建，即每个年份构建一个 Segment。在这个例子中，输入结束日期（End Date）

为 2013-01-01 00:00:00。设置完成后单击 Submit 按钮（如图 7-24 所示）。

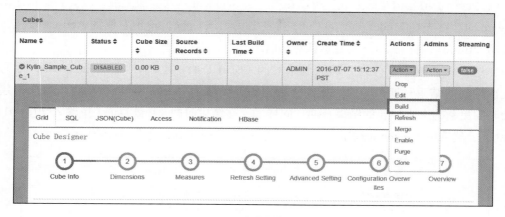

图 7-23　构建 Cube（1）

> 🔔 **注**
> **意**　增量构建具体是按年构建还是按月构建应该根据实际的业务需求、ETL 时效及数据量大小而定。如果一次构建的数据量过大，则可能导致构建时间过长，或者出现内存溢出等异常。在当前的样例数据中，数据量较小，按年构建是可以顺利完成的。

CUBE BUILD CONFIRM	
PARTITION DATE COLUMN	DEFAULT.KYLIN_SALES.PART_DT
Start Date (Include)	2012-01-01 00:00:00
End Date (Exclude)	2013-01-01 00:00:00

Submit　Close

图 7-24　构建 Cube（2）

　　当任务成功提交之后，切换到 Monitor 页面，这里会列出所有的任务列表。我们找到列表最上面的一个任务（名称是：Kylin_Sample_Cube_1 - 20120101000000_20130101000000），这就是我们刚刚提交的任务。在这一行双击或单击右侧的箭头图标，页面的右侧会显示当前任务的详细信息。有关每一个步骤的具体内容，用户可参考第 3 章的相关内容，此处不再赘述。

　　待构建任务完成之后，读者可以在 Monitor 页面看到该任务状态已被置为完成（Finished）。这时候，第一个 Segment 就构建完成了。前往 Cube 列表中查看，会发现该 Cube 的状态已被置为"就绪（Ready）"了。

2. 增量构建

因为选择了增量构建的方式，所以在第一个 Segment 构建完成之后，就要开始构建第二个 Segment。首先在 Model 页面的 Cube 列表中找到该 Cube，单击右侧的 Actions 按钮，然后选择 "Build"，打开 Cube 构建确认对话框。

在这个对话框中，首先要确认起始时间（Start Date）是 2013-01-01 00:00:00，因为这是上次构建的结束日期，为保障所构建数据的连续性，Apache Kylin 自动将新一次构建的起始时间更新为上次构建的结束日期。同样的，在结束时间（End Date）里输入 2014-01-01 00:00:00，然后单击 Submit 按钮，开始构建下一年的 Segment（如图 7-25 所示）。

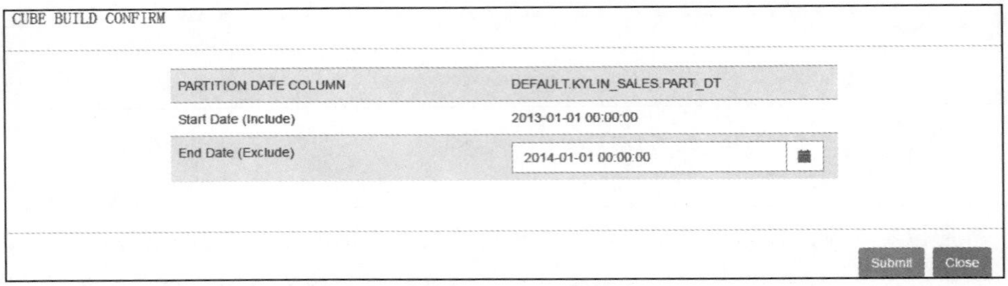

图 7-25　构建 Cube（3）

与第一次构建一样，读者可以前往 Monitor 页面监控和查询该任务的状态。待构建完成之后，在 Cube 的详情页中查看，会发现 Cube 的两个 Segment 都已就绪（如图 7-26 所示）。

图 7-26　构建 Cube（4）

7.1.6　SQL 查询

当 Cube 构建任务完成之后，系统一般会自动把 Cube 的状态切换为就绪（Ready）。接下来，就可以利用该 Cube 进行 SQL 查询了。在这个案例中，前面已经构建好了两个 Segment，现在可以跳转到 Insight 页面开始执行 SQL 查询了。

首先，在 Web UI 上选择本案例所用的 Kylin_Sample_1 项目。然后根据 Cube 上维度和度量的设计，在查询输入框中输入 SQL 语句，然后单击 Submit 按钮。下面将给出 SQL 查询的例子和相应的结果说明。

例 1：单表行数统计

```
SELECT COUNT(*) FROM KYLIN_SALES
```

这条 SQL 语句可用于查询 KYLIN_SALES 表中的总行数，读者可以同时在 Hive 中执行同样的查询进行性能对比。在笔者的对比中，Hive 查询耗时 29.385 秒，Apache Kylin 查询耗时 0.18 秒。

例 2：多表连接

```
SELECT
KYLIN_SALES.PART_DT
,KYLIN_SALES.LEAF_CATEG_ID
,KYLIN_SALES.LSTG_SITE_ID
,KYLIN_CATEGORY_GROUPINGS.META_CATEG_NAME
,KYLIN_CATEGORY_GROUPINGS.CATEG_LVL2_NAME
,KYLIN_CATEGORY_GROUPINGS.CATEG_LVL3_NAME
,KYLIN_SALES.LSTG_FORMAT_NAME
,SUM(KYLIN_SALES.PRICE)
,COUNT(DISTINCT KYLIN_SALES.SELLER_ID)
FROM KYLIN_SALES as KYLIN_SALES
INNER JOIN KYLIN_CAL_DT as KYLIN_CAL_DT
ON KYLIN_SALES.PART_DT = KYLIN_CAL_DT.CAL_DT
INNER JOIN KYLIN_CATEGORY_GROUPINGS as KYLIN_CATEGORY_GROUPINGS
ON  KYLIN_SALES.LEAF_CATEG_ID = KYLIN_CATEGORY_GROUPINGS.LEAF_CATEG_ID AND
KYLIN_SALES.LSTG_SITE_ID = KYLIN_CATEGORY_GROUPINGS.SITE_ID
GROUP BY
KYLIN_SALES.PART_DT
,KYLIN_SALES.LEAF_CATEG_ID
,KYLIN_SALES.LSTG_SITE_ID
,KYLIN_CATEGORY_GROUPINGS.META_CATEG_NAME
,KYLIN_CATEGORY_GROUPINGS.CATEG_LVL2_NAME
,KYLIN_CATEGORY_GROUPINGS.CATEG_LVL3_NAME
,KYLIN_SALES.LSTG_FORMAT_NAME
```

这里的 SQL 语句将事实表 KYLIN_SALES 和两张维表根据外键进行了内部连接。在笔者的对比试验中，Hive 查询耗时 34.361 秒，Apache Kylin 查询耗时 0.33 秒。

例 3：维度列 COUNT_DISTINCT

```
SELECT
COUNT(DISTINCT KYLIN_SALES.PART_DT)
```

```
FROM KYLIN_SALES as KYLIN_SALES
INNER JOIN KYLIN_CAL_DT as KYLIN_CAL_DT
ON KYLIN_SALES.PART_DT = KYLIN_CAL_DT.CAL_DT
INNER JOIN KYLIN_CATEGORY_GROUPINGS as KYLIN_CATEGORY_GROUPINGS
ON KYLIN_SALES.LEAF_CATEG_ID = KYLIN_CATEGORY_GROUPINGS.LEAF_CATEG_ID AND
KYLIN_SALES.LSTG_SITE_ID = KYLIN_CATEGORY_GROUPINGS.SITE_ID
```

这条 SQL 语句对 PART_DT 字段进行了 COUNT_DISTINCT 查询，但是该字段并没有被添加为 COUNT_DISTINCT 的度量。这个功能是从 1.5.2 版本开始支持的，即对于未定义的维度列，可以执行 COUNT_DISTINCT 的查询。在笔者的对比试验中，Hive 查询耗时 44.911 秒，Apache Kylin 查询耗时 0.12 秒。

例 4：全表查询

```
SELECT * FROM KYLIN_SALES
```

默认情况下，Apache Kylin 并不会对原始数据的明细进行保存，因此并不支持形如 SELECT * 的 SQL 查询。但是，用户经常希望通过执行 SELECT * 获取部分样例数据；因此 Kylin 对这种 SQL 会返回不精确的查询结果。如果读者希望 Apache Kylin 支持原始数据的保存和查询，可以在 Cube 中定义 RAW 类型的度量。

7.2 流式分析

一般来说，对离线数据进行分析时，其时效性往往是受限的。虽然用户可以在 ETL 结束之后立即触发 Cube 增量构建，但由于 ETL 具有延时性，因此数据分析师通常难以及时掌握到最新的数据。为了解决这一问题，Apache Kylin 从 1.5.0 版本开始支持流式构建 Cube，关于流式构建的详细内容，读者可以仔细阅读第 4 章的相关章节。

本节将基于 HDP 2.2.4.2 Sandbox 的环境，利用模拟数据，从一个实际的零售业务的使用场景出发，为用户详细介绍流式数据创建、构建 Cube，以及执行 SQL 查询的详细过程。关于在 Sandbox 环境中部署 Apache Kylin 服务的相关内容，请参考第 10 章。在这个例子中，作为数据源的 Kafka 版本是 0.8.1。

7.2.1 Kafka 数据源

Apache Kylin 的二进制包中提供了一个 Kafka 的模拟数据生成器。这个生成器作为 Kafka 的生产者（Producer）会不断地随机生成结构化的数据并推送到 Kafka 队列当中。下面是创建模拟数据的具体步骤。

1）在 Ambari 中启动 Kafka。

2）创建一个 Kafka 的 Topic，并命名为 kylin_demo。

```
/usr/hdp/current/kafka-broker/bin/kafka-topics.sh --create --zookeeper
localhost:2181 --replication-factor 1 --partitions 1 --topic kylin_demo
  Created topic "kylin_demo".
```

3）调用 Apache Kylin 二进制包中自带的数据生成器向 Kafka 中推送数据。

```
export KYLIN_HOME='/root/apache-kylin-1.5.2-bin'
cd $KYLINN_HOME
./bin/kylin.sh org.apache.kylin.source.kafka.util.KafkaSampleProducer --topic
kylin_demo --broker sandbox:6667 —delay 0
```

这个工具每 2 秒钟将会生成一条数据，并发送到 Kafka 队列中。

4）使用 Kafka 的控制台消费者（Console Consumer）查看队列中的数据，以确保数据按照需要生成。

```
/usr/hdp/current/kafka-broker/bin/kafka-console-consumer.sh --zookeeper
sandbox.hortonworks.com:2181 --topic kylin_demo --from-beginning
  {"amount":4.036149489293339,"category":"ELECTRONIC","order_time":1462465632689,
"device":"Windows","qty":4,"currency":"USD","country":"AUSTRALIA"}
  {"amount":83.74699855368388,"category":"CLOTH","order_time":1462465635214,"devi
ce":"iOS","qty":8,"currency":"USD","country":"INDIA"}
```

从消费者的输出中可以看到，这个模拟数据是一个零售业务的订单数据流。每条数据的结构都是 JSON 格式，不包含层级关系，可以直接作为 Apache Kylin 流式构建的输入源。表 7-2 对各个字段都进行了介绍。

表 7-2　流式数据结构介绍

字段名	字段类型	意义
ORDER_TIME	bigint	下单时间
AMOUNT	double	订单金额
CATEGORY	string	订单分类
DEVICE	string	下单设备
CURRENCY	string	交易货币种类
COUNTRY	string	交易所在国家

7.2.2　创建数据表

在准备好输入数据源的基础之上，下面正式开始在 Apache Kylin 中进行操作。关于如何在 Sandbox 环境中快速部署和启动 Apache Kylin 的相关内容，请参见第 10 章。

第一步，选择先前创建好的 Kylin_Sample_1 项目（参见第 7.1.2 节）；然后在 Model 页面单击"Add Streaming Table"按钮，如图 7-27 所示。

第二步，在左侧的 JSON 框中输入一条流式数据中的样例数据，用于自动获取数据结构。在这个例子中，输入如下的数据，并单击页面中部的"»"按钮。

图 7-27 创建数据源

{"amount":4.036149489293339,"category":"ELECTRONIC","order_time":1462465632689,
"device":"Windows","qty":4,"currency":"USD","country":"AUSTRALIA"}

第三步，Apache Kylin 会自动对左侧的 JSON 输入进行解析，并将解析出来的字段及其类型显示在页面右侧的列表中。我们先在右侧的"Table Name"输入框中输入一个表名：STREAMING_SALES_TABLE，这个表名也将在实际的 SQL 查询中被用到。然后选择列出的所有字段，即把所有列都添加到 Cube 当中。同时，可以看到，在 order_time 列的右侧有一个"timestamp"的标志，代表这一列将作为表征数据流的时间戳；在列表的最下端，有一些自动添加的字段，如"year_start"和"quarter_start"，这些时间扩展列将在构建和查询时提供更好的灵活性。设置完成之后（如图 7-28 所示），单击"Next"按钮。

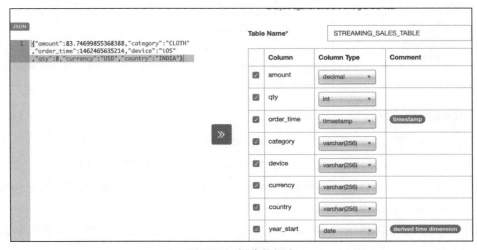

图 7-28 创建数据表

第四步，设置 Kafka 的 Topic 信息。首先，在 Topic 输入框中输入先前创建的 Kafka Topic 名称：kylin_demo；接着在 Cluster 选项卡中添加一个 Broker，并按图 7-29 所示的信息进行填写；其余保持默认。

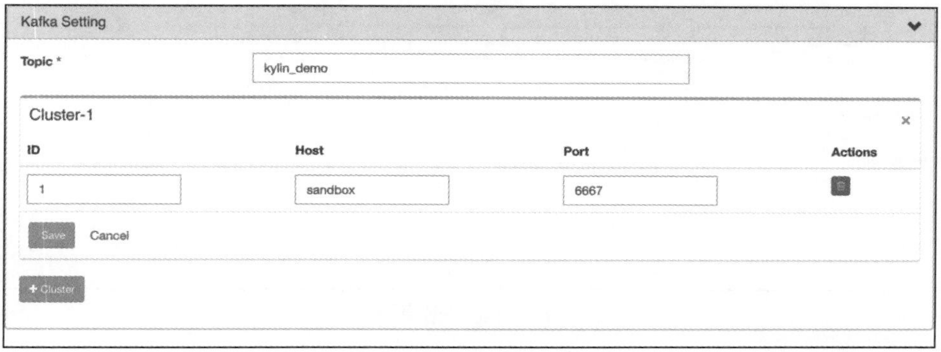

图 7-29　配置 Kafka

第五步，确认高级设置项，按图 7-30 进行设置。关于各项的具体介绍请参见第 4 章。

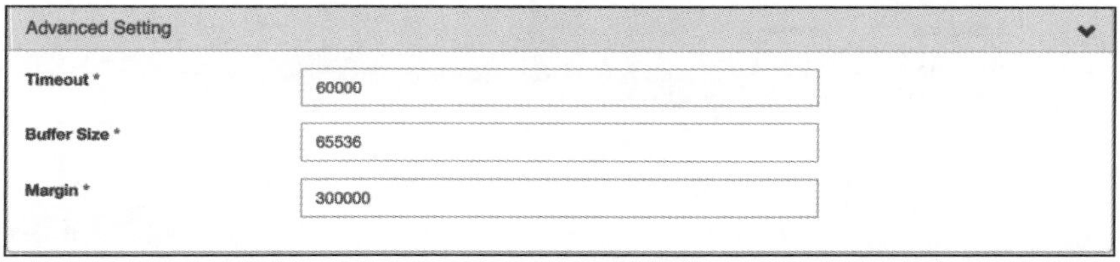

图 7-30　Kafka 高级设置

第六步，确认解析器（Parser）设置。请选择 order_time 作为 Parser Timestamp Column（如图 7-31 所示）。

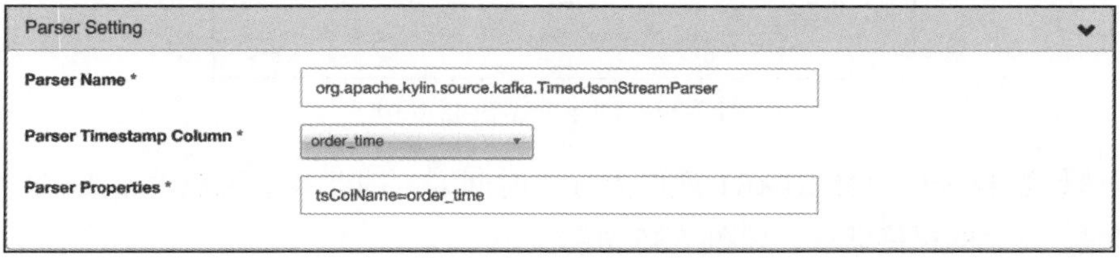

图 7-31　解析器设置

最终，单击 Submit 按钮，一个流式构建的数据源表就创建成功了。

7.2.3　创建数据模型

和增量构建的流程一样，我们也要为流式构建的 Cube 创建数据模型。关于创建数据模型的一些细节在 7.1 节已经有过相关介绍，在此不再赘述，只介绍该案例的特别配置。

第一步，创建一个数据模型，并取名为 Kylin_Sample_Model_2（如图 7-32 所示）。

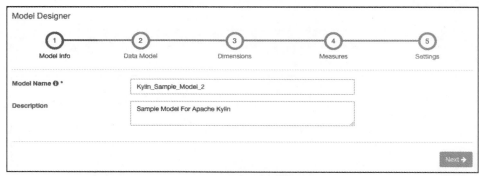

图 7-32　创建数据模型（1）

第二步，选择上一步创建好的 STREAMING_SAMPLE_TABLE_1 表作为事实表。

第三步，选择图 7-33 中的 8 列作为数据模型的维度列。

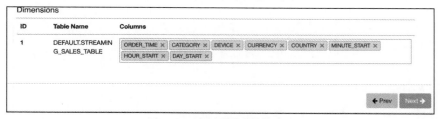

图 7-33　创建数据模型（2）

第四步，选择图 7-34 中的 2 列作为数据模型的度量列。

图 7-34　创建数据模型（3）

第五步，选择 MONTH_START 列作为分段时间列，因此我们可以对 Cube 进行分钟级的增量构建，其余的保持默认，如图 7-35 所示

图 7-35　选择分区时间列

最终，单击"Save"按钮，保存所创建的数据模型。当看到成功提示时，数据模型就创建成功了。

7.2.4　创建 Cube

接下来，基于创建好的数据模型开始在 Apache Kylin 中创建流式构建的 Cube。

第一步，在 Model 页面创建一个新的 Cube，基于前一节已经创建好的数据模型 Kylin_Sample_Model_2 来完成，并取名为 Kylin_Sample_Cube_2。

第二步，为 Cube 添加如下的维度，因为只有一个事实表，因此所有的维度都是普通类型（Normal）（如图 7-36 所示）。

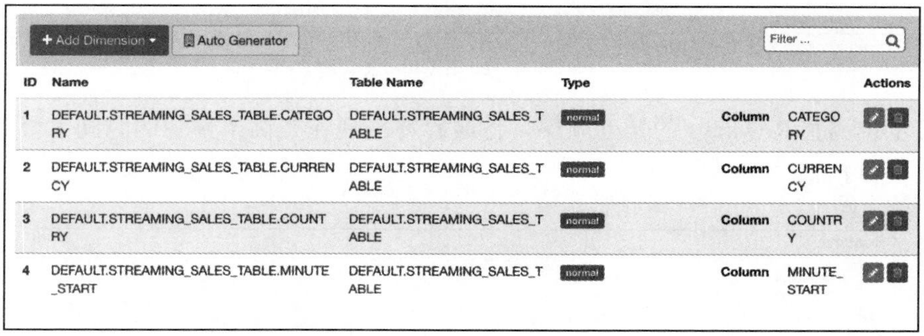

图 7-36　创建 Cube（1）

第三步，根据数据模型中的度量列为 Cube 添加度量的预计算模型，设置如图 7-37 所示。

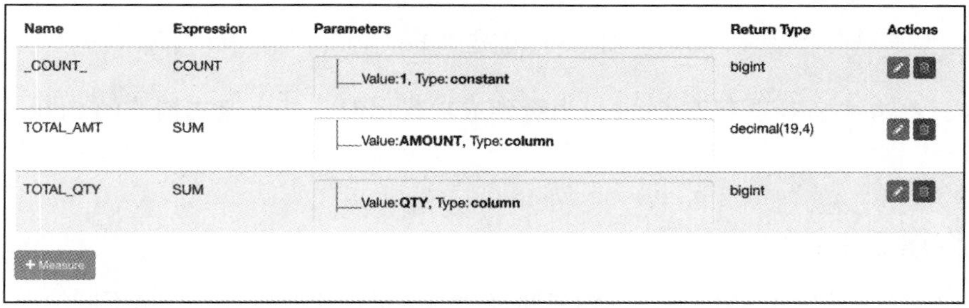

图 7-37　创建 Cube（2）

第四步，设置 Cube 的自动合并时间。因为流式构建需要频繁地构建较小的 Segment，为了不对 HBase 存储器造成过大的压力，同时获取较好的查询性能，所以需要通过自动合并将已有的多个小 Segment 合并成一个较大的 Segment。这里我们设置一个梯度的自动合并时间：0.5 小时、4 小时、1 天、7 天、28 天。此外，设置保留时间（Retention Range）为 30 天（如

图 7-38 所示）。

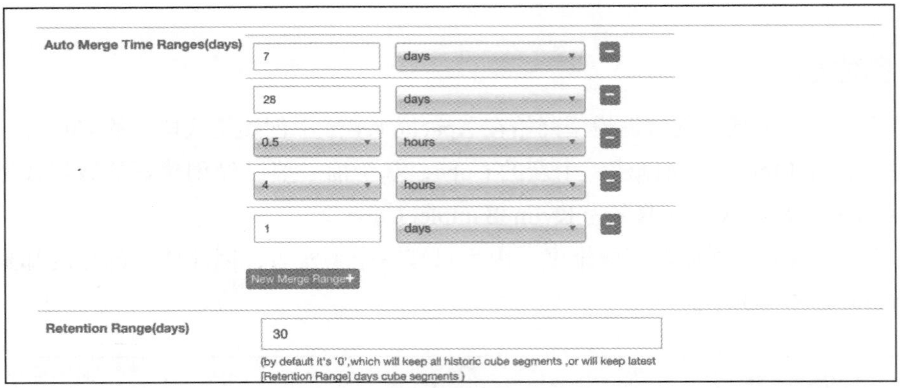

图 7-38　创建 Cube（3）

第五步，调整 Rowkeys 的排列顺序，将最容易出现在查询条件中的时间字段放在最前面，如图 7-39 所示。

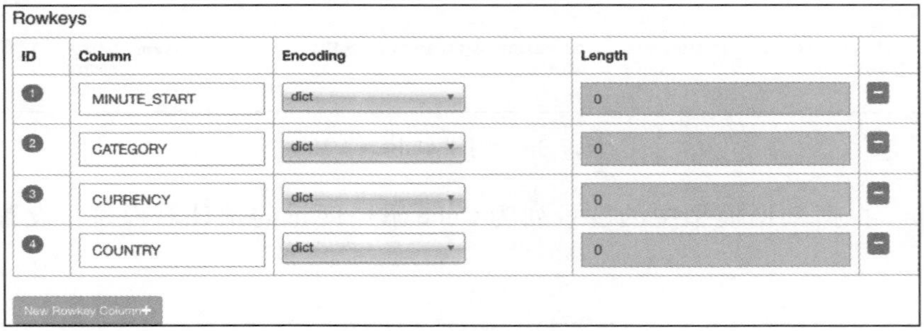

图 7-39　创建 Cube（4）

最终，单击"Save"保存 Cube，当看到成功提示时，一个流式构建的 Cube 就创建完成了。

7.2.5　构建 Cube

从第 4 章的介绍可以得知，流式构建和普通的增量构建的执行方式是不同的。我们需要使用一个命令行工具来触发流式构建的执行。在这个例子中，请执行下面的命令：

```
$KYLIN_HOME/bin/streaming_build.sh STREAMING_CUBE 300000 0
streaming started name: STREAMING_CUBE id: 1462471500000_1462471800000
```

在这个命令中，我们设置了 5 分钟的边界位移。构建任务的日志保存在 $KYLIN_HOME/logs 目录下，以 JOB ID 命名，如 streaming_STREAMING_CUBE_1462471500000_14

62471800000.log。当任务完成之后，可以在 Monitor 页面查看执行的结果。

当任务执行成功之后，读者需要手动启用该 Cube。即在 Cube 列表中找到该 Cube，单击右侧的 Actions 按钮，并选择 Enable。

7.2.6 SQL 查询

待 Cube 构建并启用成功之后，我们就可以进行 SQL 查询了。查询的过程和普通的增量构建是一样的，读者只需要根据左侧列出的表、列信息并结合 Cube 上维度和度量的定义编写 SQL 语句即可。

这里给出一个 SQL 语句的例子，读者可以自行在 SQL 输入框中进行执行和测试。

```
    select minute_start, count(*), sum(amount), sum(qty) from streaming_sales_table
group by minute_start
```

图 7-40 是在笔者环境中执行的结果，执行时间是 0.16 秒。

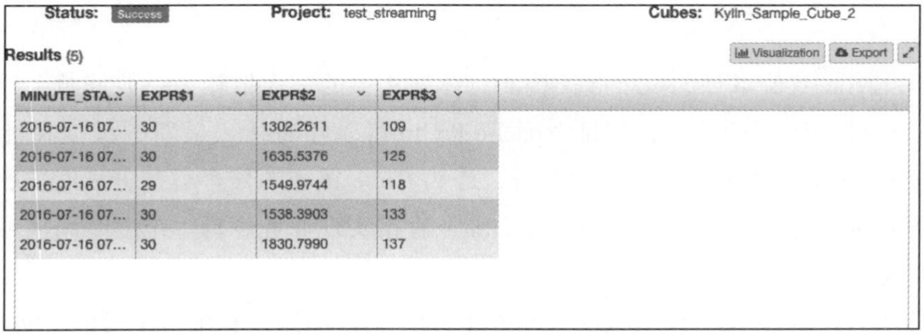

MINUTE_STA...	EXPR$1	EXPR$2	EXPR$3
2016-07-16 07...	30	1302.2611	109
2016-07-16 07...	30	1635.5376	125
2016-07-16 07...	29	1549.9744	118
2016-07-16 07...	30	1538.3903	133
2016-07-16 07...	30	1830.7990	137

图 7-40 流式构建查询结果

7.3 小结

本章通过具体的真实案例详细讨论了 Apache Kylin 建模和构建 Cube 的整个过程。其中的各项设置，尤其是 Cube 的高级设置，如聚合组和 Rowkeys 等配置，值得参考。示例数据源于真实的案例，稍有简化，但仍然非常有代表性，希望能给读者带来帮助。

扩展 Apache Kylin

Apache Kylin 有着卓越的可扩展架构。总体架构上的三大依赖——数据源、计算引擎和存储引擎——都有清晰的接口，保证 Apache Kylin 可以随时接入最新的数据和计算存储技术，并随着 Hadoop 生态圈一起演进。此外，作为 Cube 核心的聚合类型也可以扩展，用户可以定制业务领域的特殊聚合，在 Apache Kylin 上直接实现业务逻辑。维度编码也可以为特定数据扩展实现最高效的数据压缩。

本章的所有内容都是基于 Apache Kylin v1.5.2.1 的。新版本在细节上可能会略有不同。

8.1 可扩展式架构

Apache Kylin 在 v1.3 版本之前极度依赖 Hive、MapReduce 和 HBase。尽管适应了大多数用户的部署环境，但从设计的角度来看，Apache Kylin 与 Hadoop 是紧耦合的关系，不利于扩展。随着 Apache Kylin 的推广及 Hadoop 世界的多样化发展，越来越多的问题在架构层涌现。比如"可不可以直接从 Oracle 导入数据"、"为什么不使用 HBase 作为存储"、"能不能用 Spark 构建 Cube"，等等。

Apache Kylin v1.5 版本从系统层面针对可扩展性进行了重构（见第 1 章图 1-4），将系统的三大依赖（数据源、计算、存储）进行了剥离，定义了清晰的接口。这保证了 Apache Kylin 可以更容易地根据需要新增数据源、替换计算框架和存储系统，在日新月异的技术潮流中始终保持领先地位。

此外 Apache Kylin 还允许多个计算引擎和存储引擎并存，保证了极大的灵活性。假设用户希望从 MapReduce 引擎过渡到 Spark 引擎，那么可以分批次逐一升级每个 Cube 的计算引擎。例如，首先升级部分 Cube 并进行试验，确认 Spark 引擎的稳定性和先进性，之后再按计划升级其余的 Cube，管理升级过程中的不确定性风险。

8.1.1　工作原理

下面从设计的角度详细介绍可扩展架构的工作原理。

每一个 Cube 都可以设定自己的数据源、计算引擎和存储引擎，这些设定信息均保存在 Cube 元数据中。在构建 Cube 时，首先由工厂类创建数据源、计算引擎和存储引擎对象。这三个对象独立创建，相互之间没有关联（如图 8-1 所示）。

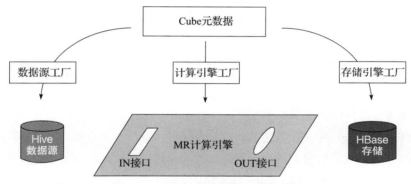

图 8-1　工厂创建数据源和引擎对象

要把它们串联起来，使用的是适配器设计模式。计算引擎好比是一块主板，主控整个 Cube 的构建过程。它以数据源为输入，以存储为 Cube 的输出，因此也定义了 IN 和 OUT 两个接口。数据源和存储引擎则需要适配 IN 和 OUT，提供相应的接口实现，把自己接入计算引擎，适配过程参见图 8-2。适配完成之后，数据源和存储引擎即可被计算引擎调用。三大引擎连通，就能协同完成 Cube 构建。

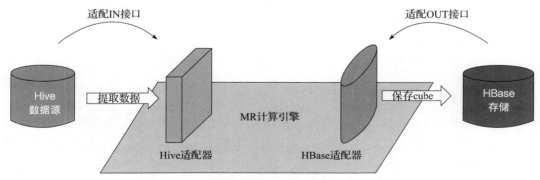

图 8-2　数据源和存储引擎适配 IN/OUT 接口

由图 8-2 可以得知，计算引擎只提出接口需求，每个接口都可以有多种实现，也就是能接入多种不同的数据源和存储。类似的，每个数据源和存储也可以实现多个接口，适配到多种不同的计算引擎上。三者之间是多对多的关系，可以任意组合，十分灵活。

8.1.2　三大主要接口

本节将从代码的层面再进一步加深对数据源、计算引擎、存储引擎三大主要接口的理解。

先来看数据源接口，代码如下：

```
public interface ISource {

    // 适配指定的构建引擎接口。返回一个对象，实现指定的 IN 接口
    public <I> I adaptToBuildEngine(Class<I> engineInterface);

    // 返回一个 ReadableTable，用来顺序读取一个表
    public ReadableTable createReadableTable(TableDesc tableDesc);
}
```

这个简单的接口只包含以下两个方法。

❑ adaptToBuildEngine：适配指定的构建引擎接口。返回一个对象，实现指定的 IN 接口。该接口主要由计算引擎调用，要求数据源向计算引擎适配。如果数据源无法提供指定接口的实现，则适配失败，Cube 构建将无法进行。

❑ createReadableTable：返回一个 ReadableTable，用来顺序读取一个表。除了计算引擎之外，有时也会调用此方法顺序访问数据维表的内容，用来创建维度字典或维表快照。

再来看存储引擎接口，代码如下：

```
public interface IStorage {

    // 适配指定的构建引擎接口。返回一个对象，实现指定的 OUT 接口
    public <I> I adaptToBuildEngine(Class<I> engineInterface);

    // 创建一个查询对象 IStorageQuery，用来查询给定的 IRealization
    public IStorageQuery createQuery(IRealization realization);
}
```

存储引擎接口也只包含两个方法。

❑ adaptToBuildEngine：适配指定的构建引擎接口。返回一个对象，实现指定的 OUT 接口。该接口主要由计算引擎调用，要求存储引擎向计算引擎适配。如果存储引擎无法提供指定接口的实现，则适配失败，Cube 构建将无法进行。

❑ createQuery：创建一个查询对象 IStorageQuery，用来查询给定的 IRealization。简单

来说，就是返回一个能够查询指定 Cube 的对象。IRealization 是在 Cube 之上的一个抽象。其主要的实现就是 Cube，此外还有被称为 Hybrid 的联合 Cube。

最后考察的是计算引擎接口。目前的计算引擎在设计上都是批处理的模式，因此称为 IBatchCubingEngine。流式处理是另一类数据处理的模式，在实时计算和实时分析中有很多应用，不排除 Apache Kylin 在将来也会加入针对流式处理的专用构建接口：

```
public interface IBatchCubingEngine {

    // 返回一个工作流计划，用以构建指定的 CubeSegment
    public DefaultChainedExecutable createBatchCubingJob(CubeSegment newSegment,
String submitter);

    // 返回一个工作流计划，用以合并制定的 CubeSegment
    public DefaultChainedExecutable createBatchMergeJob(CubeSegment mergeSegment,
String submitter);

    // 指明该计算引擎的 IN 接口
    public Class<?> getSourceInterface();

    // 指明该计算引擎的 OUT 接口
    public Class<?> getStorageInterface();
}
```

该接口定义了以下 4 个方法。

❏ createBatchCubingJob：返回一个工作流计划，用以构建指定的 CubeSegment。这里的 CubeSegment 是一个刚完成初始化，但还不包含数据的 CubeSegment。返回的 DefaultChainedExecutable 是一个工作流的描述对象。它将被保存并由工作流引擎在稍后调度执行，从完成 Cube 的构建。

❏ createBatchMergeJob：返回一个工作流计划，用以合并指定的 CubeSegment。这里的 CubeSegment 是一个待合并的 CubeSegment，它的区间横跨了多个现有的 CubeSegment。返回的工作流计划一样会在稍后被调度执行，执行的过程会将多个现有的 CubeSegment 合并为一个，从而降低 Cube 的碎片化程度。

❏ getSourceInterface：指明该计算引擎的 IN 接口。

❏ getStorageInterface：指明该计算引擎的 OUT 接口。

将上面所述的内容串联起来，即从代码的角度重现了可扩展架构三大引擎之间的互动，该过程具体描述如下。

1）Rest API 接受到构建（合并）CubeSegment 的请求。

2）EngineFactory 根据 Cube 元数据的定义，创建 IBatchCubingEngine 对象，并调用其上的 createBatchCubingJob（或者 createBatchMergeJob）方法。

3）IBatchCubingEngine 根据 Cube 元数据的定义，通过 SourceFactory 和 StorageFactory

创建出相应的数据源 ISource 和存储 IStorage 对象。

4）IBatchCubingEngine 调用 ISource 上的 adaptToBuildEngine 方法，传入 IN 接口，要求数据源向自己适配。

5）IBatchCubingEngine 调用 IStorage 上的 adaptToBuildEngine 方法，传入 OUT 接口，要求存储引擎向自己适配。

6）适配成功后，计算引擎协同数据源和存储引擎计划 Cube 构建的具体步骤，将结果以工作流（DefaultChainedExecutable）的形式返回。

7）执行引擎将在稍后执行工作流，完成 Cube 构建。

8.2 计算引擎扩展

本节将介绍 Apache Kylin 现有的 MapReduce 构建引擎，并以它为范例进一步说明如何扩展或创建一个新的 Cube 计算引擎。（注意，"构建引擎"和"计算引擎"是同义词，可以互换。）

8.2.1 EngineFactory

每一个构建引擎必须实现接口 IBatchCubingEngine，并在 EngineFactory 中注册实现类。只有这样才能在 Cube 元数据中引用该引擎，否则会在构建 Cube 时出现"找不到实现"的错误。

注册的方法是通过配置 $KYLIN_HOME/conf/kylin.properties 来完成的。在其中添加一行构建引擎的声明。比如：

```
kylin.job.engine.2=org.apache.kylin.engine.mr.MRBatchCubingEngine2
```

EngineFactory 在启动时会读取 kylin.properties，列出所有注册的构建引擎，建立标识号到实现类之间的映射。这样今后就可以用标识号 2 来代表 org.apache.kylin.engine.mr.MRBatchCubingEngine2 这个引擎了，并且可在 Cube 元数据中引用它。

Apache Kylin v1.5 版本中有两个内置的构建引擎：

```
kylin.job.engine.0=org.apache.kylin.engine.mr.MRBatchCubingEngine
kylin.job.engine.2=org.apache.kylin.engine.mr.MRBatchCubingEngine2
```

其中 0 号引擎是从 v1.3 之前延续下来的老版本。保留它主要是为了版本升级时能向前兼容。由 v1.3 版本创建的 Cube 在升级到 v1.5 后无需修改仍然可以继续使用。标识号为 2 的引擎是 v1.5 引入的新引擎，也是新 Cube 的默认引擎。它包含了两种 Cube 构建算法（逐层构建算法和快速构建算法），会在运行时根据数据的分布情况自动选择较优的算法，以提供更快的构建速度。

　　多个引擎可以同时并存，并由不同的 Cube 使用，每个 Cube 必须且只能选择一个构建引擎。从设计上来说，Apache Kylin 不保证不同构建引擎之间的兼容性。也就是说若要切换构建引擎，唯一可靠的方法就是创建一个新 Cube，并选用新引擎。直接修改元数据更改构建引擎的方法是没有保障的，会导致任意可能的错误。

8.2.2　MRBatchCubingEngine2

　　从 v1.5 版本开始，默认的构建引擎实现类为 org.apache.kylin.engine.mr.MRBatchCubingEngine2。该类实现了 IBatchCubingEngine 接口。通过分析和理解该类，我们可以学习如何开发一个构建引擎：

```
public class MRBatchCubingEngine2 implements IBatchCubingEngine {

    // 返回一个工作流计划，用以构建指定的 CubeSegment
    public DefaultChainedExecutable createBatchCubingJob(CubeSegment newSegment,
String submitter) {
        return new BatchCubingJobBuilder2(newSegment, submitter).build();
    }

    // 返回一个工作流计划，用以合并指定的 CubeSegment
    public DefaultChainedExecutable createBatchMergeJob(CubeSegment mergeSegment,
String submitter) {
        return new BatchMergeJobBuilder2(mergeSegment, submitter).build();
    }

    // 指明该计算引擎的 IN 接口
    public Class<?> getSourceInterface() {
        return IMRInput.class;
    }

    // 指明该计算引擎的 OUT 接口
    public Class<?> getStorageInterface() {
        return IMROutput2.class;
    }
}
```

　　很容易看出这只是一个入口类，构建 Cube 的主要逻辑都封装在 BatchCubingJobBuilder2 和 BatchMergeJobBuilder2 中。将复杂的逻辑分而治之，分解成多个更简单更小的类然后组装，是一种良好的设计习惯。

　　这里简要说明一下 DefaultChainedExecutable，顾名思义，它代表了一种可执行的对象，其中包含了很多子任务。它执行的过程就是依次串行执行每一个子任务，直到所有子任务都完成。Apache Kylin 的 Cube 构建比较复杂，要执行很多步骤，步骤之间有直接的依赖性和顺序性。DefaultChainedExecutable 很好地抽象了这种连续依次执行的模型，可以用来表示 Cube 构建的工作流。

　　另外，重要的输入输出接口也在这里进行声明。IMRInput 是 IN 接口，由数据源适配实现；IMROutput2 是 OUT 接口，由存储引擎适配实现。

8.2.3　BatchCubingJobBuilder2

Cube 构建与合并的逻辑分别封装在 BatchCubingJobBuilder2 和 BatchMergeJobBuilder2 中。这两个类大同小异，这里就以 BatchCubingJobBuilder2 为例进行说明。至于 BatchMerge JobBuilder2，则留给有兴趣的读者自行研习。

BatchCubingJobBuilder2 的主体函数 build() 如下所示：

```
public class BatchCubingJobBuilder2 extends JobBuilderSupport {
    ......

    private final IMRBatchCubingInputSide inputSide;
    private final IMRBatchCubingOutputSide2 outputSide;
    ......

    public CubingJob build() {
        logger.info("MR_V2 new job to BUILD segment " + seg);

        final CubingJob result = CubingJob.createBuildJob((CubeSegment) seg, submitter,
config);
        final String jobId = result.getId();
        final String cuboidRootPath = getCuboidRootPath(jobId);

        // Phase 1: Create Flat Table & Materialize Hive View in Lookup Tables
        inputSide.addStepPhase1_CreateFlatTable(result);

        // Phase 2: Build Dictionary
        result.addTask(createFactDistinctColumnsStepWithStats(jobId));
        result.addTask(createBuildDictionaryStep(jobId));
        result.addTask(createSaveStatisticsStep(jobId));
        outputSide.addStepPhase2_BuildDictionary(result);

        // Phase 3: Build Cube
         addLayerCubingSteps(result, jobId, cuboidRootPath); // layer cubing, only
selected algorithm will execute
            result.addTask(createInMemCubingStep(jobId, cuboidRootPath)); // inmem
cubing, only selected algorithm will execute
        outputSide.addStepPhase3_BuildCube(result, cuboidRootPath);

        // Phase 4: Update Metadata & Cleanup
        result.addTask(createUpdateCubeInfoAfterBuildStep(jobId));
        inputSide.addStepPhase4_Cleanup(result);
```

```
        outputSide.addStepPhase4_Cleanup(result);

        return result;
    }

    ......
}
```

先来看 IMRBatchCubingInputSide inputSide 和 IMRBatchCubingOutputSide2 outputSide 这两个成员变量。它们分别来自数据源接口 IMRInput 和存储接口 IMROutput2，分别代表输入和输出两端参与创建工作流。其中具体的内容将在下面的章节详细介绍，目前我们只需要知道它们代表着数据源的输入和存储输出即可。

下面再来看 build() 函数。从代码注释中可以清晰地看到，整个构建过程是一个子任务依次串行执行的过程，这些子任务又被分为 4 个阶段。

第一阶段：创建平表。

这一阶段的主要任务是预计算连接运算符，把事实表和维表连接为一张大表，也称为平表。这部分工作可通过调用数据源接口来完成，因为数据源一般有现成的计算表连接方法，高效且方便，没有必要在计算引擎中重复实现。

第二阶段：创建字典。

创建字典由三个子任务完成，由 MR 引擎完成，分别是抽取列值、创建字典和保存统计信息。是否使用字典是构建引擎的选择，使用字典的好处是有很好的数据压缩率，可降低存储空间，同时也提升存储读取的速度。缺点是构建字典需要较多的内存资源，创建维度基数超过千万的容易造成内存溢出。虽然可以通过调换外部存储来解决，但也以是降低速度为代价的。

第三阶段：构建 Cube。

第二版 MR 引擎带有两种构建 Cube 的算法，分别是分层构建和快速构建。对于不同的数据分布来说它们各有优劣，区别主要在于数据通过网络洗牌的策略不同。由于网络是大多数 Hadoop 集群的瓶颈，因此不同的洗牌策略往往决定了构建的速度。两种算法的子任务将被全部加入工作流计划中，在执行时会根据源数据的统计信息自动选择一种算法，未被选择的算法的子任务将被自动跳过。在构建 Cube 的最后还将调用存储引擎的接口，存储引擎负责将计算完的 Cube 放入存储。

第四阶段：更新元数据和清理。

最后阶段，Cube 已经构建完毕，MR 引擎将首先添加子任务更新 Cube 元数据，然后分别调用数据源接口和存储引擎接口对临时数据进行清理。

可以看到整个构建过程是由构建引擎来主导的，由它负责调度数据源和存储引擎。除了计算 Cube 的主要任务是由构建引擎完成的以外，前期的创建平表和数据导入等操作则是由数据源完成的，Cube 保存则由存储引擎完成。三者协同，缺一不可。

扩展构建引擎的要点在上面的代码中已有体现。即首先要有清晰的职能划分，哪些功能由构建引擎负责，哪些由数据源和存储引擎负责，都要有清楚的设计。其次是接口的定义，数据源和构建引擎的接口应当符合松耦合高内聚的原则，最小化的接口应使引擎之间的对接变得尽量简单。最后是构建引擎的串联，将构建分步骤交由三大组件逐一完成，制定工作流计划并返回。

8.2.4　IMRInput

在对 MR 构建引擎的主体已经有了了解之后，再来仔细看一下 IMRInput 接口，这是MRBatchCubingEngine2 对数据源的要求。所有希望接入 MRBatchCubingEngine2 的数据源都必须实现该接口。

先看 IMRInput 的上半部分：

```
public interface IMRInput {

    // 返回一个 IMRTableInputFormat 对象，用以从数据源中读取指定的关系表
    public IMRTableInputFormat getTableInputFormat(TableDesc table);

    // IMRTableInputFormat 是一个辅助接口，用来帮助 Mapper 读取数据源中的一张表
    public interface IMRTableInputFormat {

        // 配置给定 MapReduce 任务的 InputFormat
        public void configureJob(Job job);

        // 解析 Mapper 的输入对象，返回关系表的一行
        public String[] parseMapperInput(Object mapperInput);
    }
    ......
```

第一部分是 IMRTableInputFormat 的定义。这个辅助接口用于帮助 MapReduce 任务读取数据源中的一张表。为了适应 MapReduce 编程接口，其中又分为两个方法。方法configureJob(Job) 在启动 MR 任务之前被调用，负责配置所需的 InputFormat，连接数据源中的关系表。由于不同的 InputFormat 所读入的对象类型各不相同，为了使得构建引擎能够统一处理，因此又引入了第二个方法 parseMapperInput(Object)，对 Mapper 的每一行输入都会调用该方法一次。该方法的输入是 Mapper 的输入，具体类型取决于 InputFormat，输出为统一的字符串数组，每列为一个元素。整体表示关系表中的一行。这样 Mapper 就能遍历数据源中的表了。

再看下半部分：

```
public interface IMRInput {
    ......
```

```
// 返回一个辅助对象（接口就在下面），参与创建一个 CubeSegment 的构建工作流
public IMRBatchCubingInputSide getBatchCubingInputSide(CubeSegment seg);

// 本辅助接口代表数据输入端参与创建构建 CubeSegment 的工作流
// 主要负责从数据源提取数据并创建一张临时平表（第一阶段）
// 然后在工作流的末尾清除这张临时表（第四阶段）
public interface IMRBatchCubingInputSide {

    // 返回一个 IMRTableInputFormat，帮助 MR 任务读取之前创建的平表
    public IMRTableInputFormat getFlatTableInputFormat();

    // 由构建引擎调用，要求数据源在工作流中添加步骤完成平表的创建
    public void addStepPhase1_CreateFlatTable(DefaultChainedExecutable jobFlow);

    // 清理收尾，清除已经没用的平表和其他临时对象
    public void addStepPhase4_Cleanup(DefaultChainedExecutable jobFlow);

}
}
```

IMRBatchCubingInputSide 接口代表数据源配合构建引擎创建工作流计划，这在 8.2.3 节中已有提及。下面来具体看一下该接口的内容。

- ❑ addStepPhase1_CreateFlatTable：由构建引擎调用，要求数据源在工作流中添加步骤完成平表的创建。
- ❑ getFlatTableInputFormat：返回一个 IMRTableInputFormat，帮助 MR 任务读取之前创建的平表。
- ❑ addStepPhase4_Cleanup：清理收尾，清除已经没用的平表和其他临时对象。

这三个方法将由构建引擎依次调用。

8.2.5　IMROutput2

下面再来看一下 IMROutput2 接口，所有希望接入 MRBatchCubingEngine2 的存储都必须实现该接口。这是 MRBatchCubingEngine2 对存储引擎的要求。

IMROutput2 包含 IMRBatchCubingOutputSide2 和 IMRBatchMergeOutputSide2 这两个子接口。两者大同小异，分别参与 CubeSegment 初次构建的工作流和 CubeSegment 合并时的工作流。这里只介绍前者，后者可以参考 Apache Kylin 的源代码自行学习：

```
public interface IMROutput2 {

    // 返回一个 IMRBatchCubingOutputSide2 对象，参与创建指定 CubeSegment 的工作流
    public IMRBatchCubingOutputSide2 getBatchCubingOutputSide(CubeSegment seg);

    // 本辅助接口代表数据输出端参与创建构建 CubeSegment 的工作流
    // 包含有三个方法，由构建引擎分别在字典创建后、Cube 计算完成后和清尾阶段调用
    public interface IMRBatchCubingOutputSide2 {
```

```
// 构建引擎在字典创建后调用，存储引擎可以在这里完成预备存储的初始化工作
public void addStepPhase2_BuildDictionary(DefaultChainedExecutable jobFlow);

// 构建引擎在 Cube 计算完成之后调用，存储引擎保存 Cube 数据
public void addStepPhase3_BuildCube(DefaultChainedExecutable jobFlow, String
cuboidRootPath);

// 构建引擎在收尾阶段调用，清理存储端的任何垃圾
public void addStepPhase4_Cleanup(DefaultChainedExecutable jobFlow);
}

......
}
```

IMRBatchCubingOutputSide2 则代表存储引擎配合构建引擎创建工作流计划，这在 8.2.3 节中也有提及。下面来具体看一下该接口的内容。

❑ addStepPhase2_BuildDictionary：由构建引擎在字典创建后调用。存储引擎可以借此机会在工作流中添加步骤完成存储端的初始化或准备工作。

❑ addStepPhase3_BuildCube：由构建引擎在 Cube 计算完毕之后调用，通知存储引擎保存 CubeSegment 的内容。每个构建引擎计算 Cube 的方法和结果的存储格式可能都会有所不同。存储引擎必须依照数据接口的协议读取 CubeSegment 的内容，并加以保存。

❑ addStepPhase4_Cleanup：由构建引擎在最后清理阶段调用，给存储引擎清理临时垃圾和回收资源的机会。

现在，简单回顾一下，本节主要介绍了 Apache Kylin 现有的 MapReduce 构建引擎的设计和原理。目的是通过它来展现数据源、构建引擎和存储引擎这三者之间的依赖和协作关系。此外，还从代码的层面说明了如何使用良好的接口设计和隔离这三者，使它们在协作的同时保持独立性和灵活性，并能够被单独地替换实现。

不论是扩展现有的 MapReduce 构建引擎，还是设计一个全新的构建引擎，下面的一些基本原则应当都适用。

❑ 构建引擎驱动整体构建的过程，数据源和存储引擎分别从输入和输出两端加以辅佐。

❑ 构建引擎定义所需的输入和输出接口，数据源和存储引擎提供实现。

❑ 构建引擎在构建过程中，通过（且仅通过）接口调用数据源和存储引擎，以保证三大引擎的独立性和可扩展性。

8.3 数据源扩展

本节将介绍 Hive 数据源，并以它为范例说明如何为 Apache Kylin 的 MapReduce 引擎增

添一种数据源。请注意，由于数据源的实现依赖构建引擎对输入接口的定义，因此本节的具体内容只适用于 MapReduce 引擎。如果要为其他的构建引擎做扩展，请仔细阅读构建引擎的相关文档和代码。

实现数据源扩展之前，首先要对构建引擎有足够的了解。前文已经介绍了 MapReduce构建引擎的工作流程和其对数据输入端的接口定义（详情见 8.2.3 节和 8.2.4 节）。

实现数据源首先要实现 ISource 接口。例如 HiveSource 的主要实现如下：

```
public class HiveSource implements ISource {

    @Override
    public <I> I adaptToBuildEngine(Class<I> engineInterface) {
        if (engineInterface == IMRInput.class) {
            return (I) new HiveMRInput();
        } else {
            throw new RuntimeException("Cannot adapt to " + engineInterface);
        }
    }

    @Override
    public ReadableTable createReadableTable(TableDesc tableDesc) {
        return new HiveTable(tableDesc);
    }
}
```

上面的代码包含两个非常简单的方法。方法 adaptToBuildEngine() 只能适配 IMRInput，返回 HiveMRInput 实例，也就是暂时只能与 MapReduce 引擎协作。由于 MR v1 引擎和 MRv2 引擎都以 IMRInput 为输入接口，因此这个实现可以兼容两个版本的 MR 引擎。另一个方法 createReadableTable() 返回一个 ReadableTable 对象，提供读取一张 Hive 表的能力。

再来看一下 HiveMRInput。由于代码较长，且内容较为直观，这里就不再一一赘述了，只做整体上的介绍。

根据 IMRInput 的定义，HiveMRInput 的实现主要分为两部分。一是 HiveTableInputFormat对 IMRTableInputFormat 接口的实现。主要使用了 HCatInputFormat 作为 MapReduce 的输入格式，用通用的方式读取所有类型的 Hive 表。Mapper 输入对象为 DefaultHCatRecord，统一转换为 String[] 后交由构建引擎处理。

二是 BatchCubingInputSide 对 IMRBatchCubingInputSide 的实现。主要实现了在构建的第一阶段创建平表的步骤。首先用 count(*) 查询获取 Hive 平表的总行数，然后用第二句HQL 创建 Hive 平表，同时添加参数根据总行数分配 Reducer 数目。合理地分配 Reducer 数目非常重要。它不仅会影响 HQL 的并发度和执行速度，同时还会影响下一轮构建 Cube 的Mapper 输入个数。该数目不能太大，不然会导致 Reducer 和 Mapper 数目过多，MR 系统执行单位不够，排长队等待执行。该数目也不能太小，不然 Reducer 和 Mapper 数目太少，并发度不够，执行缓慢。

具体细节请参阅 Apache Kylin 源代码。

8.4　存储扩展

本节将介绍 HBase 存储引擎，并以它为范例说明如何为 Apache Kylin 的 MapReduce 引擎增添一种存储引擎。请注意，由于存储引擎的实现依赖构建引擎对输出接口的定义，因此本节的具体内容只适用于 MapReduce 引擎。如果要为其他的构建引擎做扩展，请仔细阅读构建引擎的相关文档和代码。

实现存储扩展之前，首先要对构建引擎有足够的了解。前文已经介绍了 MapReduce 构建引擎的工作流程和其对数据输出端的接口定义（详情见 8.2.3 节和 8.2.4 节）。

实现存储引擎的入口在于对 IStorage 接口的实现。比如 HBaseStorage 的代码摘要如下：

```
public class HBaseStorage implements IStorage {
    ......

    @Override
    public <I> I adaptToBuildEngine(Class<I> engineInterface) {
        if (engineInterface == IMROutput.class) {
            return (I) new HBaseMROutput();
        } else if (engineInterface == IMROutput2.class) {
            return (I) new HBaseMROutput2Transition();
        } else {
            throw new RuntimeException("Cannot adapt to " + engineInterface);
        }
    }

    ......

    @Override
    public IStorageQuery createQuery(IRealization realization) {

        if (realization.getType() == RealizationType.CUBE) {
            ......
            return ret;
        } else {
            throw new IllegalArgumentException("Unknown realization type " + realization.
getType());
        }
    }
}
```

首先是 adaptToBuildEngine() 方法，能够适配 IMROutput 和 IMROutput2 两个版本的输出接口，适配 MR v1 和 MR v2 两代引擎。其次是 createQuery() 方法，返回对指定 IRealization

（数据索引实现）的一个查询对象。因为 HBase 存储是为 Cube 定制的，所以只支持 Cube 类型的数据索引。具体的 IStorageQuery 实现应根据存储引擎的版本而有所不同。主要是因为从 Apache Kylin v1.5 开始引入了分片存储和并行扫描，以致底层的 HBase 存储格式会有所区别，因此查询的实现也有了差别。

再来简单介绍一下 HBaseMROutput2Transition 对 IMROutput2 接口的实现：

```
public class HBaseMROutput2Transition implements IMROutput2 {

    @Override
    public IMRBatchCubingOutputSide2 getBatchCubingOutputSide(CubeSegment seg) {
        return new IMRBatchCubingOutputSide2() {
            HBaseMRSteps steps = new HBaseMRSteps(seg);

            @Override
            public void addStepPhase2_BuildDictionary(DefaultChainedExecutable job-
Flow) {
                    jobFlow.addTask(steps.createCreateHTableStepWithStats(jobFlow.getId
())));
            }

            @Override
            public void addStepPhase3_BuildCube(DefaultChainedExecutable jobFlow,
String cuboidRootPath) {
                    jobFlow.addTask(steps.createConvertCuboidToHfileStep(cuboidRootPath,
jobFlow.getId()));
                    jobFlow.addTask(steps.createBulkLoadStep(jobFlow.getId()));
            }

            @Override
            public void addStepPhase4_Cleanup(DefaultChainedExecutable jobFlow) {
                // nothing to do
            }
        };
    }
    ......
```

观察 IMRBatchCubingOutputSide2 的实现。它在两个时间点参与 Cube 构建的工作流。一是在字典创建之后（Cube 构造之前），在 addStepPhase2_BuildDictionary() 中添加了 “创建 HTable” 这一步，估算最终 CubeSegment 的大小，并以此来切分 HTable Regions，创建 HTable。

第二个插入点是在 Cube 计算完毕之后，由构建引擎调用 addStepPhase3_BuildCube()。这里要将 Cube 保存为 HTable，实现分为 “转换 HFile” 和 “批量导入 HTable” 两步。因为直接插入 HTable 比较缓慢，为了最快速地将数据导入到 HTable，采取了 Bulk Load 的方法。先用一轮 MapReduce 将 Cube 数据转换为 HBase 的存储文件格式 HFile，然后就可以直接将

HFile 导入空的 HTable 中，完成数据导入。

最后一个插入点 addStepPhase4_Cleanup() 是空实现，对于 HBase 存储来说没有需要清理的资源。

8.5 聚合类型扩展

Apache Kylin 的核心思想是预聚合，用预先计算来代替查询时计算。聚合类型代表了系统的关键能力。处处为扩展性和灵活性设计的 Apache Kylin 在这里也没有令人失望。开发者完全可以定制新的聚合类型，以满足行业和领域的特殊需要。

本节将以基于 HyperLogLog 算法的去重计数为例，讲解 Apache Kylin 聚合类型的扩展接口和实现方法。

8.5.1 聚合的 JSON 定义

要了解聚合类型的工作原理和扩展方式，先要从聚合在 Cube 元数据中的定义开始。下面是基于 HyperLogLog 实现去重基数的一个度量在 Cube 中的定义：

```
/* 来自 test_kylin_cube_with_slr_left_join_desc.json */
{
    "uuid": "bbbba905-1fc6-4f67-985c-38fa5aeafd92",
    "name": "test_kylin_cube_with_slr_left_join_desc",
    ......
    "measures": [
    ......
        {
            "name": "SELLER_CNT_HLL",
            "function": {
                "expression": "COUNT_DISTINCT",          /* 聚合函数 */
                "parameter": {
                    "type": "column",
                    "value": "SELLER_ID",
                    "next_parameter": null
                },
                "returntype": "hllc(12)"                  /* 聚合数据类型 */
            }
        }
    ......
```

注意定义一个聚合类型的关键信息：

❑ 聚合函数，这里是"COUNT_DISTINCT"。

❑ 聚合数据类型，这里是"hllc(12)"（注意区别，这是聚合数据类型，而不是聚合类型）。

一种聚合函数可以有多种实现，因此单单靠聚合函数并不能确定一种聚合类型的实现。

比如 COUNT_DISTINCT 就有基于 HyperLogLog 的近似算法实现和基于 BitMap 的精确实现。聚合函数加上聚合数据类型才能唯一确定一种聚合类型。

这里可根据函数 "COUNT_DISTINCT" 和类型 "hllc(12)" 来确定用户定义的是基于 HyperLogLog 的精度为 12 的去重计数度量。

在 Cube 中引用的每一种聚合类型都需要有具体的实现才能工作。提供聚合类型实现的方法将在下文介绍。

8.5.2　聚合类型工厂

前面已经提到过需要根据 "聚合函数" 和 "聚合数据类型" 来唯一确定一个 "聚合类型"。聚合类型工厂（MeasureTypeFactory）就是聚合类型的工厂类。其定义的主体如下：

```
// 类型 T 是聚合数据的类型
abstract public class MeasureTypeFactory<T> {

    // 创造一个 MeasureType 实例，根据指定的聚合函数和聚合数据类型
    abstract public MeasureType<T> createMeasureType(String funcName, DataType dataType);

    // 返回支持的聚合函数，比如 "COUNT_DISTINCT"
    abstract public String getAggrFunctionName();

    // 返回支持的聚合数据类型，比如 "hllc"
    abstract public String getAggrDataTypeName();

    // 返回聚合数据类型的序列化器，注意序列化器的实现必须线程安全
    abstract public Class<? extends DataTypeSerializer<T>> getAggrDataTypeSerializer();
    ......
```

每一个聚合类型都必须有对应的工厂类来提供实例。注册聚合类型工厂的方式是通过修改 kylin.properties 来实现的。比如要添加一种新的聚合类型 MyAggrType，可以在 kylin.properties 中添加一行：

```
kylin.cube.measure.customMeasureType.FUNC_NAME=some.package.MyAggrTypeFactory
```

这里 "FUNC_NAME" 必须是要扩展的聚合函数的名称，"some.package.MyAggrTypeFactory" 为聚合类型的工厂类全名。

在启动时，系统会扫描 kylin.properties，将所有前缀为 "kylin.cube.measure.customMeasureType." 配置项读出，注册为扩展聚合类型工厂。在注册过程中，工厂的 getAggrFunctionName() 和 getAggrDataTypeName() 会被调用，以确认工厂所支持的聚合函数和聚合数据类型。

在保存 Cube 时，系统会校验所有度量所引用的聚合类型是否都有对应的实现注册。如果有未知的聚合类型，系统将会报错。

有了工厂类，系统就会在 Cube 计算和查询的各个阶段调用 createMeasureType() 方法创建聚合类型实例，再通过它聚合数据。下面将进行详细介绍。

8.5.3 聚合类型的实现

根据聚合函数和聚合数据类型，MeasureType 由 MeasureTypeFactory 创造。Measure Type 中包含了聚合从定义到计算，从查询到存储的全部逻辑，是一个比较大的接口。下面将分多个段落来逐一介绍。

先来看定义相关的部分：

```
// 类型 T 是聚合数据的类型
abstract public class MeasureType<T> {

    // 检查用户定义的 FunctionDesc 是否有效
    public void validate(FunctionDesc functionDesc) throws IllegalArgumentException {
        return;
    }

    // 该聚合数据类型是否需要较大的内存
    public boolean isMemoryHungry() {
        return false;
    }

    // 聚合是否只应用在 Base Cuboid 上
    public boolean onlyAggrInBaseCuboid() {
        return false;
    }
    ......
```

上述代码的说明如下。

❑ MeasureType 的泛型参数 T 代表聚合数据类型。比如，以 HyperLogLog 为例，它的聚合数据类型是 HyperLogLogPlusCounter。

❑ validate() 方法校验传入的 FunctionDesc（即度量定义中聚合函数的部分）是否合法。在创建 Cube 的过程中这个方法会被多次调用，检查用户定义的度量是否正确，比如数据的精度是否在有效范围内，等等。如果校验失败，那么该方法应该抛出 Illegal ArgumentException。

❑ isMemoryHungry() 报告该聚合数据在运算时是否需要较多的内存。一些基本的聚合函数比如 SUM 和 COUNT 在计算时只需要几个字节，然而类似 HyperLogLogPlus Counter 的大型数据结构可能一个就需要 10KB 乃至 100KB 的内存。需要在内存分配上给予特别对待。

❑ onlyAggrInBaseCuboid() 定义该聚合运算是否只发生在 Base Cuboid 上。如果是，那

么在其他 Cuboid 上该聚合函数将被跳过。

下面是 MeasureType 中关于计算的接口定义:

```
abstract public class MeasureType<T> {
    ......

    // 返回一个 MeasureIngester 用于初始化一个聚合数据对象
    abstract public MeasureIngester<T> newIngester();

    // 返回一个 MeasureAggregator 用来聚合数据
    abstract public MeasureAggregator<T> newAggregator();

    // 返回聚合函数中是否需要用到字典
    public List<TblColRef> getColumnsNeedDictionary(FunctionDesc functionDesc) {
        return Collections.emptyList();
    }
    ......
```

上述代码说明如下。

❏ newIngester() 返回一个 MeasureIngester 对象。MeasureIngester 也是一个抽象类,需要实现。其中主要的方法是 valueOf(),它能根据一行原始记录(也就是数据源的一行中输入 String[],详见 8.3)初始化一个聚合数据对象。例如对 HyperLogLog 来说,所谓的初始化就是创造一个 HyperLogLogPlusCounter,然后将原始记录中的被计数字段加入其中。

❏ newAggregator() 返回一个 MeasureAggregator 对象。MeasureAggregator 也是一个抽象类,其上需要实现的方法主要有 aggregate() 和 getState(),用来聚合由 Measure Ingester 产生的聚合数据对象。

❏ getColumnsNeedDictionary() 是一个比较特殊的方法,用来声明一个或多个字段需要用到的字典。如果有声明,那么构建引擎将在构建过程中创建声明字段的字典,并提交给 MeasureIngester 使用。

下一个方法是关于 Cube 的选择。我们知道在查询过程中,用户输入的是 SQL 语句,其中用到了字段和聚合函数。一个 Cube 必须满足 SQL 中所有的字段和聚合函数,才能被选中来回答这条查询语句:

```
abstract public class MeasureType<T> {
    ......

    // 判断一个度量是否能满足未匹配的维度和聚合函数
    public CapabilityInfluence influenceCapabilityCheck(Collection<TblColRef> unmatched
Dimensions, Collection<FunctionDesc> unmatchedAggregations, SQLDigest digest, MeasureDesc
measureDesc) {
        return null;
```

```
    }
    ......
```

对于基本的如 SUM 和 COUNT_DISTINCT 之类的聚合函数，系统能够自行判断是否与查询匹配。然而对于扩展聚合函数，用户可能希望定制匹配规则。比如 TopNMeasureType 和 RawMeasureType 就能匹配字段，而不像普通聚合类型那样只能匹配聚合函数。

在 Cube 匹配的过程中，上述 influenceCapabilityCheck() 将为每个自定义聚合度量调用一次，以传入未匹配的字段和聚合函数。若（自定义）度量能匹配部分字段或聚合函数，则应当修改传入的集合，去掉已匹配的部分，同时返回一个 CapabilityInfluence 对象，标记自己对匹配过程的影响。只有匹配过程完毕时所有的字段和聚合函数都被匹配，查询才能继续，否则，系统将报告没有匹配的 Cube，并异常退出该查询。

如果存在多个 Cube 都能满足的一个查询，这时候 Cost（开销）较小的 Cube 会被选中。所有参与了匹配过程的，且对匹配有贡献的聚合类型都有机会调整所在 Cube 的 Cost，调整是通过 CapabilityInfluence 对象上的 suggestCostMultiplier() 方法来完成的。比如一个定义了 TopN 的 Cube 和一个普通的 Cube 都能满足"今日销量前 10"这个查询，区别在于前者有 TopN 度量做了预计算，而后者是通过查询时聚合，然后排序取前 10 来完成的。这时 TopN 聚合类型就会通过 CapabilityInfluence.suggestCostMultiplier() 返回一个小于 1 的修正乘数，使修正后的 Cost 远远小于普通的 Cube，从而保证 TopN 在回应查询时更具优势。

下面两个方法与查询组件 Apache Calcite 有关。Apache Calcite 是流行的数据管理组件，具有 SQL 解析、优化和处理的能力。其内容丰富，已经超出了本书的范围，在此不做详细介绍。

```
abstract public class MeasureType<T> {
    ......

    // 是否需要重写 Calcite 层的聚合运算
    abstract public boolean needRewrite();

    // 返回 Calcite 聚合函数的实现类
    abstract public Class<?> getRewriteCalciteAggrFunctionClass();
    ......
```

代码说明如下：

❑ needRewrite() 返回该聚合函数是否需要重写 Calcite 层。因为自定义函数基本上都是 SQL 语句的扩展，Calcite 不可能包含相关实现，因此这里一般要返回"是"。

❑ getRewriteCalciteAggrFunctionClass()，如果上面返回"是"，那么这个方法会被调用来获取一个实现了 Calcite 聚合函数接口的实现类。其内容与 MeasureAggregator 大致类似，只是接口的形式略有不同。

更多关于 Apache Calcite 的内容，请查阅 Apache Calcite 的官方文档。

最后一部分是查询时存储的读取和 Tuple 的填入。所谓的 Tuple 是关系运算术语，表示关系表上的一行，Tuple 填入指将预聚合的度量值填入关系表，返回查询结果的过程：

```java
abstract public class MeasureType<T> {
    ......

    // 返回是否启用高级的 Tuple 填入
    public boolean needAdvancedTupleFilling() {
        return false;
    }

    // 简单的 Tuple 填入实现
    public void fillTupleSimply(Tuple tuple, int indexInTuple, Object measureValue) {
        tuple.setMeasureValue(indexInTuple, measureValue);
    }

    // 返回一个高级 Tuple 填入实现
    public IAdvMeasureFiller getAdvancedTupleFiller(FunctionDesc function, TupleInfo
returnTupleInfo, Map<TblColRef, Dictionary<String>> dictionaryMap) {
        throw new UnsupportedOperationException();
    }

    // 高级 Tuple 填入接口
    public static interface IAdvMeasureFiller {

        // 读入一个度量值
        void reload(Object measureValue);

        // 返回能继续填入的行数
        int getNumOfRows();

        // 填入内容到下一个 Tuple
        void fillTuple(Tuple tuple, int row);
    }
}
```

代码说明如下。

❑ needAdvancedTupleFilling() 返回是否启用高级的 Tuple 填入。Tuple 填入分为简单和高级两种模式。在简单模式下，默认一个度量值对应一条关系记录，这也是默认的实现。高级模式允许一个度量值被分解并填入多条关系记录。

❑ fillTupleSimply() 为简单填入模式的实现。传入参数包含度量值和要填入的 Tuple 对象。

❑ getAdvancedTupleFiller() 在高级填入模式下启用，返回一个 IAdvMeasureFiller 对象，其包含了更多的方法可实现度量值到 Tuple 的一对多填入。

最后 IAdvMeasureFiller 接口包含 3 个方法：

1）reload() 为每个度量值被调用一次。每次的度量值将被用于填写后续的 Tuple，直到其内容耗尽为止。那时 reload() 将被再次调用，填充新的度量值。

2）getNumOfRows() 返回最近填充的度量值还能填写多少个 Tuple。

3）fillTuple() 用于填充下一个 Tuple。

以上是 MeasureType 接口的全部内容，包含聚合的定义、计算、查询和存储各方面。要实现一个全新的聚合类型是相当复杂的工作。好在 Apache Kylin 所有的内置聚合函数也是从 MeasureType 继承而来的，本身也是很好的范例，推荐参阅 HLLCMeasureType 和 Top-NMeasureType 的源代码加深对这部分的理解。

现在简单回顾一下聚合类型的扩展步骤。要添加一种新的聚合类型，首先要确定"聚合函数"和"聚合数据类型"。然后实现相应的 MeasureTypeFactory 并在 kylin.properties 中注册。接着在 Cube 定义中就可以引用该聚合类型了。MeasureType 会在运行时通过 MeasureTypeFactory 创建，接管聚合的定义、计算、查询、存储等一系列过程。

8.6 维度编码扩展

Apache Kylin 对维度的保存也采用了编码的机制。通过编码可以极大地提高压缩率，用更小的空间保存更多的数据，同时也能提高读写的速度。默认维度编码主要有"字典"和"定长"两种。除此之外，开发者还可以订制新的维度编码。本节将介绍如何扩展 Apache Kylin，增添新的维度编码。

8.6.1 维度编码的 JSON 定义

先来看一下维度编码在 Cube 定义中是如何被使用的，从而对其有一个感性的认识：

```
/* 来自 test_kylin_cube_with_slr_left_join_desc.json */
{
    "uuid": "bbbba905-1fc6-4f67-985c-38fa5aeafd92",
    "name": "test_kylin_cube_with_slr_left_join_desc",
    ......
    "rowkey": {
        "rowkey_columns": [
            ......
            {
                "column": "lstg_format_name",
                "encoding": "fixed_length:12"
            },
            {
                "column": "lstg_site_id",
```

```
                    "encoding": "dict"
            },
            {
                    "column": "slr_segment_cd",
                    "encoding": "dict"
            }
        ]
    },
    ......
```

从定义中可以看到维度编码其实是定义在 "rowkey" 段落中的，也就是只有被保存在 Cube 中的那些维度才需要编码，对于不需要在 Cube 中存储的维度，比如衍生维度，是不需要编码的。

上例中出现了两种内置编码，分别是 "fixed_length:12" 和 "dict"。维度编码除了有类别的区分之外，比如 dict 和 fixed_length，还可以带有参数，比如 "fixed_length:12" 中的长度 12。

8.6.2　维度编码工厂

那么 dict 和 fixed_length 编码又是如何映射到相关的实现中的呢？这就要需要介绍维度编码工厂——DimensionEncodingFactory 了。

维度编码工厂负责维度编码的注册和实例的创建，主要的接口如下：

```
public abstract class DimensionEncodingFactory {
    ......
    //返回所支持的编码名称
    abstract public String getSupportedEncodingName();

    //返回一个新的维度编码实例
    abstract public DimensionEncoding createDimensionEncoding(String encodingName,
String[] args);
    }
```

代码说明如下：

❑ getSupportedEncodingName() 返回所支持的编码名称，在注册编码时使用。

❑ createDimensionEncoding() 创建一个新的编码实例，注意传入的编码名称和参数，传入的名称与所支持的编码名称一定要相同。

要想添加一种新的维度编码，首先必须在系统中注册其编码工厂。方法是修改 kylin.properties 文件，添加 kylin.cube.dimension.customEncodingFactories 参数。比如：

```
kylin.cube.dimension.customEncodingFactories=some.package.MyEncodingFactory
```

在系统初始化阶段，将会读取 kylin.cube.dimension.customEncodingFactories 参数。它是

一个逗号分隔的字符串，其中每个单位都是一个编码工厂类的全名。通过反射创建工厂类，然后调用 getSupportedEncodingName() 获得所支持的编码名称（比如 dict 和 fixed_length），注册到系统中。

注册后的编码就可以被 Cube 使用了。如果 Cube 引用了不存在的维度编码，那么系统将会在加载 Cube 元数据时出错，相关的 Cube 会被忽略，错误将会出现在日志中。

8.6.3 维度编码的实现

注册了维度编码工厂，通过 createDimensionEncoding()，维度编码就能在需要的时候被创建，接管维度值到代码的编码和解码工作。

Apache Kylin 对维度编码有如下的基本要求。

❑ 等长：编码后，所有维度值的代码长度相同。

❑ 双向：编码和原来的值可以双向转换。

❑ 保序：编码二进制大小与原值的大小保持一致。

接下来看一下 DimensionEncoding 接口的具体定义：

```
// 注意维度编码是可以序列化的
public abstract class DimensionEncoding implements Externalizable {
    ......

    // 判断指定的代码是否代表 NULL
    public static boolean isNull(byte[] bytes, int offset, int length) {
        ......
    }

    // 获得固定的代码长度
    abstract public int getLengthOfEncoding();

    // 将给定的维度值（以 byte 形式表示的字符串）转换为编码
    abstract public void encode(byte[] value, int valueLen, byte[] output, int output
Offset);

    // 将给定的编码转换为维度值（以 String 形式返回）
    abstract public String decode(byte[] bytes, int offset, int len);

    // 返回一个 DataTypeSerializer，以序列化器的接口实现同样的编码解码功能
    abstract public DataTypeSerializer<Object> asDataTypeSerializer();
}
```

首先可以看到维度编码必须是 Externalizable，这保证了编码能被序列化传递到分布式系统的任何地方。

❑ isNull() 静态方法用来判断一个编码是否为 NULL。这也是编码系统的一个约定，以全 0xff 代码代表 NULL。

❑ getLengthOfEncoding() 返回编码的固定长度，也就是代码的二进制字节数。

❑ encode() 和 decode() 方法是双向编码解码的实现。注意接口略有不对称，在 encode() 中维度值将以 UTF-8 编码的 byte 数组形式给出，而在 decode() 时将以 String 形式返回。不管如何表示，维度值的本质就是一个字符串，这是确定的。将来的版本可能会重构这对接口，使其更加对称和美观。

❑ asDataTypeSerializer() 会以序列化器的形式封装编码解码的过程。因为编码解码也可以看作维度值到字节流的序列化和反序列化过程，在不少代码中以序列化的接口来调用会更加自然。因此追加了这个方法，将编码解码逻辑包装成序列化器的形式返回。

实现了上述的 DimensionEncoding，一个维度编码就完成了。Apache Kylin 内置的 DictionaryDimEnc 和 FixedLenDimEnc 也可以作为实现的参考。

现在简单回顾一下维度编码的扩展步骤。要添加一种新的维度编码，首先要实现 DimensionEncodingFactory 并在 kylin.properties 中注册。这样新的编码名称就可以在 Cube 定义中使用了。运行时系统会通过 DimensionEncodingFactory 创建 DimensionEncoding，进行编码解码工作。

实现的过程中尤其要注意 Apache Kylin 对维度编码的基本要求，等长、双向、保序。还有特殊的 0xff 保留编码表示的 NULL。如果这些约定被破坏，那么在查询和构建过程中将出现结果错误和其他异常。应该尽早用单元测试覆盖这些需求和边界情况，以确保在集成环境中不会因为编码出错而产生不可知的异常。

8.7 小结

本章讲述了 Apache Kylin 各方面的可扩展性，包括总体的可扩展架构和数据源、构建引擎、存储引擎三大部件，以及聚合类型和维度编码。可以看到，可扩展性贯穿了 Apache Kylin 的所有关键功能，是系统的核心设计理念之一。这保证了 Apache Kylin 能够更快速地适应新的技术趋势，在澎湃的技术进化浪潮中始终保持领先的地位。

最后，Apache Kylin 的开发非常活跃，有上百位开发者在随时修改和提交代码。本书撰写时 Apache Kylin 的版本为 v1.5.2.1，因为图书发行有时间延迟，如果本章涉及的具体代码细节与最新的 Apache Kylin 不符，作者在这里表示歉意。虽然具体代码多变，但抽象和设计仍然相对稳定，相信本章一定能为 Apache Kylin 的开发爱好者带来帮助。

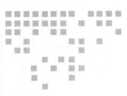

Apache Kylin 的企业级功能

Apache Kylin 是为满足企业的大数据分析需求而诞生的，基于此，从一开始就考虑了企业对数据软件各方面的要求，如安全验证、权限控制、高可用、可扩展等。这些功能在后来的企业应用中被证明是非常有必要的。本章将介绍 Kylin 的这些企业级功能。

9.1　身份验证

身份验证模块可为 Kylin 的 Web 界面和 RESTful Service 提供安全验证，它检查用户提供的用户名和密码以决定是否让其登录或调用 API。

Kylin 的 Web 模块使用 Spring 框架构建，在安全实现上选择了 Spring Security。Spring Security 是 Spring 项目组中用来提供安全认证服务的框架，它广泛支持各种身份验证模式，这些验证模型大多由第三方提供，Spring Security 也提供了自己的一套验证功能。

注意　下文将假设读者熟悉 Java Web Application 和 Spring 框架。这些框块内容丰富，但不在本书范围之内。互联网上有大量相关的资料，请有需要的读者自行查阅。参考资料地址为：

http://docs.oracle.com/javaee/7/tutorial/partwebtier.htm#BNADP

http://docs.spring.io/spring-security/site/docs/current/reference/htmlsingle/

下面介绍 Kylin 是如何配置使用 Spring Security 的。首先，在 Web 模块的主配置文件

web.xml 中，可以看到安全配置文件 kylinSecurity.xml 被加入 Spring 配置文件列表，同时声明了相应的 Listener，具体代码如下：

```
<context-param>
    <param-name>contextConfigLocation</param-name>
    <param-value>
        classpath:applicationContext.xml
        classpath:kylinSecurity.xml
        classpath*:kylin-*-plugin.xml
    </param-value>
</context-param>

<filter>
    <filter-name>springSecurityFilterChain</filter-name>
        <filter-class>org.springframework.web.filter.DelegatingFilterProxy</filter-class>
</filter>
<filter-mapping>
    <filter-name>springSecurityFilterChain</filter-name>
    <url-pattern>/*</url-pattern>
</filter-mapping>
```

然后，在安全配置文件 kylinSecurity.xml 中，告知 Spring Security 框架应如何构造 authentication-manager 的对象。构造 authentication-manager 对象需要一个或多个"authentication-provider"对象；而 authentication-provider 又需要 user-service 对象来提供用户的信息。

在 kylinSecurity.xml 里，Kylin 提供了三个配置 profile："testing"、"ldap"和"saml"，依次对应于三种用户验证方式：自定义验证、LDAP 验证和单点登录验证。以下三个小节将对它们分别进行介绍。

9.1.1　自定义验证

自定义验证是基于配置文件的一种简单验证方式；由于它对外依赖少，开箱即用，所以是 Kylin 默认的用户验证方式；同时由于它缺乏灵活性、安全性低，因此建议仅在测试阶段使用。下面是自定义验证（也就是"testing"profile）在 kylinSecurity.xml 中相关的配置：

```
<beans profile="testing">
    <!-- user auth -->
    <bean id="passwordEncoder" class="org.springframework.security.crypto.bcrypt.
BCryptPasswordEncoder" />

    <scr:authentication-manager alias="testingAuthenticationManager">
        <scr:authentication-provider>
            <scr:user-service>
                <scr:user name="MODELER" password="$2a$10$Le5ernTeGNIARwMJsY0WaOLioN
Qdb0QD11DwjeyNqqNRp5NaDo2FG" authorities="ROLE_MODELER" />
                <scr:user name="ANALYST" password="$2a$10$s4INO3XHjPP5Vm2xH027Ce9
QeXWdrfq5pvzuGr9z/lQmHqi0rsbNi" authorities="ROLE_ANALYST" />
```

```
                    <scr:user name="ADMIN" password="$2a$10$o3ktIWsGYxXNuUWQiYlZXOW5hW
cqyNAFQsSSCSEWoC/BRVMAUjL32" authorities="ROLE_MODELER, ROLE_ANALYST, ROLE_ADMIN" />
                    </scr:user-service>
                    <scr:password-encoder ref="passwordEncoder" />
            </scr:authentication-provider>
        </scr:authentication-manager>
    </beans>
```

可以看到，这个"userService"是基于配置实现的，它默认只有三个用户记录：MODELER（具有 ROLE_MODLER 角色）、ANALYST（具有 ROLE_ANALYST 角色）和 ADMIN（具有 ROLE_MODLER、ROLE_ANALYST 及 ROLE_ADMIN 角色）。关于这三个角色，将在 9.2 节"授权"中详细介绍。密码则使用"passwordEncoder"，也就是 BCrypt 加密的形式。要添加、删除或修改某个用户信息，只需要修改这里的内容就可以了。

9.1.2 LDAP 验证

LDAP（Lightweight Directory Access Protocol，轻量级目录访问协议）用于提供被称为目录服务的信息服务。目录以树状的层次结构来存储数据，可以存储包括组织信息、个人信息、Web 链接、JPEG 图像等各种信息。

支持 LDAP 协议的目录服务器产品有很多，大多数企业也都使用 LDAP 服务器来存储和管理公司的组织和人员结构；集成 LDAP 服务器在完成用户验证时，不仅可以避免重复创建用户、管理群组等繁琐的管理步骤，还可以提供更高的便捷性和安全性。Apache Kylin 连接 LDAP 验证的流程如图 9-1 所示。

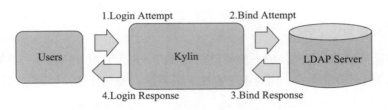

图 9-1 LDAP 验证流程

Kylin 的 LDAP 验证是基于 Spring Security 提供的 LDAP 验证器实现的，在其上略有扩展。下面是 kylinSecurity.xml 中"ldap"的配置片段：

```
<beans profile="ldap">
    <scr:authentication-manager alias="ldapAuthenticationManager">
        <!-- do user ldap auth -->
        <scr:authentication-provider ref="kylinUserAuthProvider"></scr:authentication-
provider>

        <!-- do service account ldap auth -->
```

```
        <scr:authentication-provider ref="kylinServiceAccountAuthProvider"></scr:
authentication-provider>
        </scr:authentication-manager>

</beans>
```

LDAP 的 authentication-manager 使用了两个 authentication-provider：一个名为 "kylinUserAuth Provider"，另一个名为 " kylinServiceAccountAuthProvider"。这两个 provider 都会去 LDAP 服务器中查询信息，都是类 org.apache.kylin.rest.security.KylinAuthenticationProvider 的实例，只是查询 LDAP 的属性（searchBase、searchPattern）不同。这样设计的目的是，访问 Kylin 的用户通常有两种类型：一种是以人的身份登录来做各种操作，另一种是以 API 的方式调用 Kylin 的各种服务，通常被称为服务账户；在 LDAP 中，服务账户与普通账户（User Account）往往是分开管理的。分开这两种类型，可以让 Kylin 管理员根据自己的环境做灵活的设定。

接下来以 "kylinUserAuthProvider" 为例介绍更多的细节，请看如下的配置代码：

```
<bean id="ldapSource" class="org.springframework.security.ldap.DefaultSpringSec
urityContextSource">
        <constructor-arg value="${ldap.server}" />
        <property name="userDn" value="${ldap.username}" />
        <property name="password" value="${ldap.password}" />
</bean>


<bean id="kylinUserAuthProvider" class="org.apache.kylin.rest.security.
KylinAuthenticationProvider">
        <constructor-arg>
        <bean id="ldapUserAuthenticationProvider" class="org.springframework.security.
ldap.authentication.LdapAuthenticationProvider">
        <constructor-arg>
            <bean class="org.springframework.security.ldap.authentication.BindAuthenticator">
                <constructor-arg ref="ldapSource" />
                <property name="userSearch">
                    <bean id="userSearch" class="org.springframework.security.ldap.search.
FilterBasedLdapUserSearch">
                        <constructor-arg index="0" value="${ldap.user.searchBase}" />
                        <constructor-arg index="1" value="${ldap.user.searchPattern}" />
                        <constructor-arg index="2" ref="ldapSource" />
                    </bean>
                </property>
            </bean>
        </constructor-arg>
        <constructor-arg>
            <bean class="org.apache.kylin.rest.security.AuthoritiesPopulator">
            <constructor-arg index="0" ref="ldapSource" />
            <constructor-arg index="1" value="${ldap.user.groupSearchBase}" />
            <constructor-arg index="2" value="${acl.adminRole}" />
            <constructor-arg index="3" value="${acl.defaultRole}" />
            </bean>
```

```
        </constructor-arg>
      </bean>
      </constructor-arg>
  </bean>
```

在上述代码片段中，"kylinUserAuthProvider"使用了两个构造器对象，"ldapUserAuth entication Provider"和"org.apache.kylin.rest.security.AuthoritiesPopulator"。"ldapUserAuthenticationProvider"使用配置的信息（ldap.user.searchBase、ldap.user.searchPattern、ldap.server、ldap.username、ldap.password）连接 LDAP 服务器做 bind 操作，查询并获取用户信息。接下来，"org.apache.kylin.rest.security.AuthoritiesPopulator"会使用查询获得的用户信息，进一步查取此用户所属的群组（Group），然后群组将根据配置的属性（acl.adminRole）来生成用户的角色（Role）信息，从而完成登录验证。

> **注意** org.apache.kylin.rest.security.KylinAuthenticationProvider 类里封装了一个 authenti cation Provider 实例，这个 authenticationProvider 才是真正的验证器。KylinAuthenticationProvider 在其上做了缓存：如果用户登录的信息之前已经被缓存，那么就直接返回结果而不去查询真正的验证器如 LDAP 服务器。这样做的好处是，一来可以避免对 LDAP 服务器造成访问压力，二来可以提高验证的效率，主要是为高频率的 API 调用而考虑的。

以上介绍了 Kylin 里基于 LDAP 用户验证的原理，接下来介绍一下如何启用 LDAP 验证。在正常情况下，只需要安装好 LDAP 服务器，创建用户和群组，然后在 Kylin 的 conf/kylin.properties 里配置相应的属性即可。

在 conf/kylin.properties 里有如下与 LDAP 相关的配置属性：

```
kylin.security.profile=testing

# default roles and admin roles in LDAP, for ldap and saml
acl.defaultRole=ROLE_ANALYST,ROLE_MODELER
acl.adminRole=ROLE_ADMIN

#LDAP authentication configuration
ldap.server=ldap://ldap_server:389
ldap.username=
ldap.password=

#LDAP user account directory;
ldap.user.searchBase=
ldap.user.searchPattern=
ldap.user.groupSearchBase=

#LDAP service account directory
```

```
ldap.service.searchBase=
ldap.service.searchPattern=
ldap.service.groupSearchBase=
```

　　首先，要设置 kylin.security.profile 为"ldap"，并配置"ldap.server""ldap.username"和"ldap.password"的值，提供 LDAP 服务器的地址和认证方式（如果需要认证的话）。请注意这里"ldap.password"的值需要加密（加密方法为 AES）。下载任意版本的 Apache Kylin 的源代码，在 IDE 里运行 org.apache.kylin.rest.security.PasswordPlaceholderConfigure，传入"AES <your_password>"作为参数（替换 <your_password> 为非加密的原始密码），可以获得改密码的加密值。

　　其次，设置"ldap.user.searchBase""ldap.user.searchPattern"和"ldap.user.groupSearchBase"。"ldap.user.searchBase"是在 LDAP 目录结构中开始查询用户的基础节点；"ldap.user.searchPattern"是查找一个用户记录的模式，如（cn={0}）是指检查某个记录的 cn（Common Name）是否跟用户提供的名称相当，匹配成功即使用此用户记录。管理员也可以在这里加入更复杂的过滤条件。如果用户没有匹配成功，那么系统会报 UsernameNotFoundException 的错误。

　　属性"ldap.user.groupSearchBase"配置了在 LDAP 中查找群组的基础节点。当找到用户记录时，Kylin 会从此节点往下查找用户所属的群组信息，群组会被映射成角色（Role）。前面提到过，Kylin 里有三种用户角色：ROLE_ANALYST、ROLE_MODELER 和 ROLE_ADMIN。其中前两个是默认赋予的角色，第三个是管理员角色，需要跟某个 LDAP 的群组相关联（通过 acl.adminRole 配置）。如果用户在 LDAP 的群组 A 中，登录成功后会获得 ROLE_A 的角色；如果要将群组 A 做为 Kylin 管理员群，那么就要配置 acl.adminRole = ROLE_A。

　　下面是一个使用了 LDAP 认证的配置示例：

```
kylin.security.profile=ldap

# default roles and admin roles in LDAP, for ldap and saml
acl.defaultRole=ROLE_ANALYST,ROLE_MODELER
acl.adminRole=ROLE_KYLIN-ADMIN


#LDAP authentication configuration
ldap.server=ldap://10.0.0.123:389
ldap.username=cn=Manager,dc=example,dc=com
ldap.password=<password_hash>

#LDAP user account directory;
ldap.user.searchBase=ou=People,dc=example,dc=com
ldap.user.searchPattern=(&(cn={0}))
```

```
ldap.user.groupSearchBase=OU=Groups,DC=example,DC=com


#LDAP service account directory
ldap.service.searchBase=ou=Service,dc=example,dc=com
ldap.service.searchPattern=(&(cn={0}))
ldap.service.groupSearchBase=OU=Groups,DC=example,DC=com
```

9.1.3　单点登录

单点登录（Single Sign On，SSO）是一种高级的企业级认证服务。用户只需要登录一次，就可以访问所有相互信任的应用系统；它具有一个账户多处使用、避免频繁登录、降低泄漏风险等优点。

安全断言标记语言（Security Assertion Markup Language，SAML）是一个基于 XML 的标准，用于在不同的安全域（Security Domain）之间交换认证和授权数据。SAML 是实现 SSO 的一种标准化技术，是由国际标准化组织 OASIS 制定和发布的。

为了满足企业对安全的更高要求，Kylin 提供了对标准 SAML 的单点登录验证服务，其中就采用了 Spring Security SAML Extension。关于 Spring Security SAML Extension 的使用可以参考 Spring 网站的文档 http://docs.spring.io/autorepo/docs/spring-security-saml/1.0.x-SNAPSHOT/reference/htmlsingle/。

下面简要介绍一下在 Kylin 里启用 SSO 的步骤，以便读者有一个总体的了解。

1）生成 IDP 元数据的配置文件：联系 IDP（ID Provider），也就是提供 SSO 服务的供应商，生成 SSO metadata file。这是一个 XML 文件，其中包含了 IDP 的服务信息、当前应用的回调 URL、加密证书等必要信息。生成的配置文件，需要安装在 Kylin Server 的 classpath 上。

2）生成 JKS 的 keystore：Kylin 需要加密 SSO 请求，故需要将含有加密的秘钥和公钥导入到一个 keystore 中，然后将 keystore 的信息配置在 Kylin 的 kylinSecurity.xml 中。

3）激活更长加密（Higer Ciphers）：检查并确认已经下载安装了 Java Cryptography Extension (JCE) Unlimited Strength Jurisdiction Policy Files；如果没有，则下载并复制 local_policy.jar 和 US_export_policy.jar 到 $JAVA_HOME/jre/lib/security 目录下。

4）部署 IDP 配置文件和 keystore 到 Kylin：将 IDP 配置文件命名为 sso_metadata.xml，然后复制到 Kylin 的 classpath 中，如 $KYLIN_HOME/tomcat/webapps/kylin/WEB-INF/classes；将生成的 keystore 文件命名为 samlKeystore.jks，然后复制到 Kylin 的 classpath 中。

5）配置其他属性，如 saml.metadata.entityBaseURL，saml.context.serverName，使用正确的机器名。

6）最后，设置 kylin.security.profile=saml 且重启 Kylin 以使所有的 saml 配置生效。

启用 SSO 后，当用户初次在浏览器中访问 Kylin 的时候，Kylin 会将用户转向 SSO 提供的登录页面，用户在 SSO 登录页面验证成功后，页面将自动跳转回 Kylin，这个时候 Kylin 会解析到 SAML 中的信息，获取验证后的用户名，再查询 LDAP 以获取用户群组信息，赋予用户权限，完成验证登录。

📷 **注意**　对于 API 的调用，也就是请求 URL 为 /kylin/api/* 的请求，Kylin 会继续使用 LDAP 完成验证，而不是重定向到 SSO，这样做主要基于以下几点考虑。

❑ API 的调用一般来自于应用程序或脚本，无法完成浏览器跳转等一系列操作。

❑ SSO 服务器可能只支持用户账户的验证（如启用了 2FA 等更高级的方式），而不支持服务账户。

❑ SSO 服务器只完成用户验证，而不提供用户的群组和角色信息。

所以在启用了 SSO 后 Kylin 依旧保留 LDAP 服务器的配置，以完成对所有用户的验证。

9.2　授权

用户的授权发生在登录验证之后。授权决定了此用户在系统中的角色和所能采取的动作。Apache Kylin 中的授权是角色加访问控制（Access Control Level，ACL）的授权。9.1 节提到 Kylin 有三种用户角色，下面是对这三种角色的详细解释。

❑ ROLE_ANALYST：分析师角色；具有该角色的用户，将能够查询与操作系统内具有相应 ACL 权限的 Cube。

❑ ROLE_MODELER：建模人员角色；具有该角色的用户，将能够创建和修改数据模型及 Cube，对自己创建的 Cube 可以管理其 ACL；并操作其他具有相应 ACL 的 Cube。

❑ ROLE_ADMIN：管理员角色；具有该角色的用户，将能够执行系统管理相关的操作，如导入 Hive 表、开启 / 关闭缓存、重载元数据等；并具有对所有项目和 Cube 的创建、修改、查询和删除的权力。

在当前版本（v1.5.2）中，当用户登录 Kylin 成功时，将默认具有 ROLE_ANALYST 和 ROLE_MODELER 角色（由 "acl.defaultRole" 配置）；Kylin 视该用户是否属于相应的管理员群组（由 "acl.adminRole" 配置），来决定是否授予用户 ROLE_ADMIN 的角色。

Kylin 提供了项目级别和 Cube 级别的访问控制（Access Control Level，ACL），以实现细粒度的授权。若用户创建了项目或 Cube，那么该用户便是此实例的所有者，具有了对此实例的控制权限；其他用户如果想访问该实例，需要现有的所有者对其授权。

访问控制权限分为如下 4 种类型。

❑ QUERY：可以查询 Cube 的内容，但不能操作和修改，通常将此权限赋予像数据分析师之类的只需要查询 Cube 的人员或服务账号。

❑ OPERATION：可以对 Cube 进行操作，如构建、刷新等，但是不能修改 Cube 的定义；
一般将此权限赋予需要构建 Cube 的人员或服务账号。

❑ EDIT：可以修改 Cube 的定义；一般将此权限赋予非创建者的其他建模人员等。

❑ ADMIN：对 Cube 有管理权限，包含了以上三种权限，还可以进行删除操作；一般将
此权限赋予系统管理人员。

管理 Cube 级别的权限，选择并展开要管理的 Cube，再单击"Access"标签页，会显示
已有的 ACL，如果要添加，则单击"Grant"按钮，如图 9-2 所示。

图 9-2　管理 Cube ACL

管理项目级别的权限，需要单击页面左上角的"Manage Project"，选择并展开想要管理
的项目，再单击"Access"标签页，如图 9-3 所示。

图 9-3　管理项目 ACL

ACL 可以按用户来授予，或者按角色来批量授予。当选择"User"的时候，在"Name"
输入框中输入用户名；当选择是"Role"类型的时候，从下拉框中选择一个角色；然后单击
"Grant"按钮添加，如图 9-4 所示。

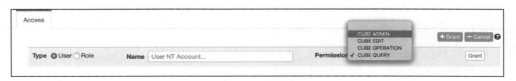

图 9-4　授予 ACL

　　授权后的 ACL 会显示在列表中，用户可以修改或收回（使用 Revoke 按钮），如图 9-5 所示。

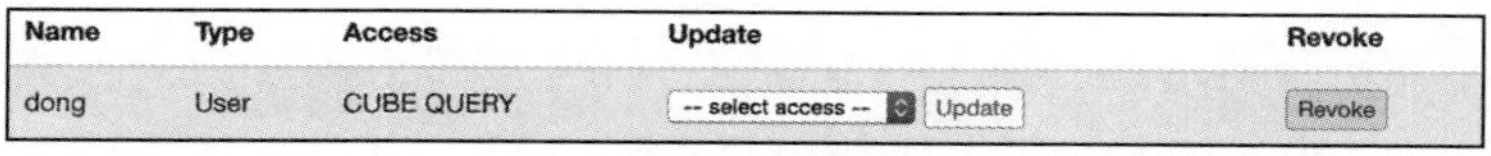

Name	Type	Access	Update		Revoke
dong	User	CUBE QUERY	-- select access -- ◇	Update	Revoke

图 9-5　修改或收回 ACL

　　当用户执行某个操作的时候，如果发现其不具备某个权限，Kylin 会报 Access Denied 的错误。

9.3　小结

　　本章介绍了 Apache Kylin 的企业级功能，主要是其安全验证和授权方面的功能。尤其是身份验证功能，基于 Spring Security，具有非常好的可扩展性和灵活性。可以与所有主流的企业用户管理平台对接，实现单点登录（SSO）。除此之外，还有更多企业级功能有待开发、例如更强的按行列管理的安全性、企业级的监控能力，等等。Apache Kylin 社区会在这些方面持续努力。

　　另外还有企业级运行和维护的相关内容，将在第 10 章详细介绍。

第 10 章

运 维 管 理

第 9 章中介绍了 Apache Kylin 作为企业数据平台组件的一些重要功能。本章将首先介绍 Apache Kylin 的快速安装方法和基本配置,帮助读者在 Hadoop 环境中迅速启动 Apache Kylin 服务;然后着重介绍 Apache Kylin 在实际的企业环境中常用的分布式部署方案,以及如何达到高并发、高性能、高可用的目的;此外,本章还将介绍 Apache Kylin 运维管理中需要注意的事项和常用的工具,以及如何从 Apache Kylin 开源社区获取帮助,使 Apache Kylin 运维管理人员能够明确运维任务、快速定位故障并找到解决途径。

10.1 安装和配置

在 Apache Kylin 中,对 Cube 的构建和存储需要依赖于 Hadoop 和 HBase 集群,因此在部署 Apache Kylin 之前需要事先准备好所需要的软硬件环境。此外,为了使 Apache Kylin 更加充分地利用集群资源,还需要调整 Apache Kylin 的配置参数以实现功能适配和性能优化。本节将对这些内容做详细介绍。

10.1.1 必备条件

本节将介绍运行 Apache Kylin 所需要的必备条件,如果希望搭建一套新的测试或生产环境运行 Apache Kylin,那么建议参考以下要讲到的必备条件。如果已有的生产环境不满足这些条件,如使用了 API 不兼容的 Hadoop 版本,那么可能会造成运行时的问题。

1. 硬件需求

Apache Kylin 的运行需要一定的硬件配置，如进行并发查询时需要在内存中进行大量的聚合操作，所以建议给 Apache Kylin 服务器保证一定的 CPU 和内存资源，这里给出的是能够顺利运行 Apache Kylin 所需的最小硬件配置。

- ❑ 内存：8GB 内存以上。
- ❑ CPU：核数在 4 核以上。
- ❑ 硬盘：40GB 存储空间以上。

2. Hadoop 环境

Apache Kylin 需要运行在 Hadoop 环境当中，作为 Hadoop、Hive、HBase 的客户端节点。根据 Apache Kylin 社区的文档来看，目前 Apache Kylin 支持的这些 Hadoop 组件版本如表 10-1 所示。

表 10-1　Kylin 支持的 Hadoop 环境版本

组件依赖	版本
Hadoop	2.4-2.7
Hive	0.13-1.2.1
HBase	0.98-0.99, 1.x
JDK	1.7+

Apache Kylin 的核心代码是使用 Java 语言编写并编译的，语言规范和 API 均是基于 JDK1.7 版本的，所以需要在运行 Apache Kylin 的服务器上提前预装与 JDK1.7 兼容的 Java 环境。

 说明　一般来说，Hadoop、HBase、Hive 等组件的 Java API 在不同版本或商业分发中可能存在差异，而 Apache Kylin 是根据上述版本的 Apache 开源版本的标准 API 进行编译和测试的。因此，如果读者使用的是其他版本或商业发行版，可能会因为 API 不兼容导致运行时出错。

3. 权限需求

为了能够在 Hadoop 环境中顺利运行 Apache Kylin，用户必须在 Apache Kylin 服务器上安装相应的组件，并保证运行 Apache Kylin 的用户拥有相关权限。在构建 Cube 的时候需要向 Hadoop 提交 MapReduce 任务，并把中间结果保存在 HDFS 上，所以运行 Apache Kylin 的用户必须拥有提交 MapReduce 任务和读写 HDFS 的权限；建议把 Apache Kylin 部署在 Hadoop 集群的客户端节点上，可以使 Apache Kylin 获得更低的网络延迟和更好的伸缩性。

为了从 Hive 中获取数据，Apache Kylin 服务器上必须安装 Hive 客户端，运行 Apache Kylin 的用户也必须拥有运行 Hive 命令行（如 hive 或 beeline）和管理、读写 Hive 表的权限。

Apache Kylin 的存储依赖于 HBase，因此 Apache Kylin 服务器上必须安装 HBase 客户端，运行 Apache Kylin 的用户则必须拥有运行 HBase 命令行（如 hbase shell）和管理、读写 HBase 表（HTable）的权限。

4. 第一次使用 Apache Kylin

如果是第一次接触 Apache Kylin，并希望在最短的时间内部署和试用 Apache Kylin，那么可以使用 Sandbox 进行快速部署。多数 Hadoop 发行商（如 Hortonworks、Cloudera、MapR 等）都推出了 All-In-One 的虚拟机镜像文件，其中包含一个预先配置好的单节点的 Hadoop/HBase 环境，用户可以在 VirtualBox 等虚拟机软件中进行快速部署，以满足 Apache Kylin 运行的基本条件。

这里以 Hortonworks Sandbox（HDP 2.2.4）为例，用户可以在 Hortonworks 官网上下载 Sandbox 的镜像文件，并导入 VirtualBox 作为一个虚拟机。为保障 Sandbox 能够稳定运行，并顺利执行 Cube 构建任务，请给虚拟机的硬件分配足够的硬件资源。

❑ 内存：8GB 或以上。

❑ 硬盘：40GB 或以上。

❑ CPU：2 核或以上。

虚拟机启动完毕后，再手动启动 Ambari 服务，方便在图形界面中管理集群服务。在虚拟机的命令行中输入以下命令就可启动 Ambari 了：

```
ambari-server start
ambari-agent start
```

当看到如下提示，就说明 Ambari 启动成功了：

```
[root@sandbox ~]# ambari-server start
Using python  /usr/bin/python2.6
Starting ambari-server
Ambari Server running with administrator privileges.
Organizing resource files at /var/lib/ambari-server/resources...
Server PID at: /var/run/ambari-server/ambari-server.pid
Server out at: /var/log/ambari-server/ambari-server.out
Server log at: /var/log/ambari-server/ambari-server.log
Waiting for server start....................
Ambari Server 'start' completed successfully.
[root@sandbox ~]# ambari-agent start
Verifying Python version compatibility...
Using python  /usr/bin/python2.6
Checking for previously running Ambari Agent...
Starting ambari-agent
```

```
Verifying ambari-agent process status...
Ambari Agent successfully started
Agent PID at: /var/run/ambari-agent/ambari-agent.pid
Agent out at: /var/log/ambari-agent/ambari-agent.out
Agent log at: /var/log/ambari-agent/ambari-agent.log
```

Ambari 启动成功后，打开网页浏览器，登录 Ambari 的 Web UI（地址是 http:// 虚拟机 IP:8080，登录账号：admin，登录密码：admin）。

默认情况下，HBase 服务是关闭的，需要手动开启（如图 10-1 所示），开启步骤如下：

1）在左侧服务列表中选中 HBase。

2）展开右侧"Service Actions"菜单，单击 Start。

3）等待启动进度条完成，左侧服务列表中的 HBase 图标变成绿色。

图 10-1　Ambari 控制台页面

到这里，运行 Apache Kylin 所需的软硬件环境就准备好了。

10.1.2　快速启动 Apache Kylin

准备好 Apache Kylin 的运行环境之后，就可以下载 Apache Kylin 的二进制包并进行安装部署了。Kylin 既支持单点部署，也支持分布式部署以实现负载均衡。本节首先介绍单节点上的快速部署。

1. 下载二进制包

Apache Kylin 官网上提供了各个版本 Apache Kylin 的二进制包下载（http://kylin.apache.org/download/），目前最新的版本是 1.5.2.1，该版本针对不同的 Apache Hadoop/HBase 版本提供了 3 种二进制包下载。

（1）Apache Kylin 1.5.2.1 二进制包 for HBase 0.98/0.99

该二进制包基于 Apache HBase 0.98 的 API 进行编译，如果读者的 Apache HBase 版本是 0.98 或 0.99，那么请下载这个二进制包。

（2）Apache Kylin 1.5.2.1 二进制包 for HBase 1.x

该二进制包基于 Apache HBase 1.1.3 的 API 进行编译，如果读者的 Apache HBase 版本是 1.x，那么请下载这个二进制包。

（3）Apache Kylin 1.5.2.1 二进制包 for CDH 5.7

因为 CDH（Cloudera Hadoop Distribution）的 Apache Hadoop 环境对 API 做过一些调整，所以 Apache Kylin 社区专门为 CDH5.7 的 Hadoop/HBase 的 API 编译了二进制包，如果读者使用了 CDH5.7 的 Apache Hadoop 环境，那么请下载这个二进制包。

说明　Apache 软件基金会为每个 Apache 开源项目提供了一个归档下载站点，如果用户希望下载 Apache Kylin 的历史版本，可以登录该站点进行下载；用户也可以在 Apache Kylin 的下载页面找到该站点的入口。该站点的地址是：https://archive.apache.org/dist/kylin/。

---

2. 验证签名

为了保证所下载的二进制包未经篡改，建议用户先对下载好的二进制包进行签名验证。用户可以在 Apache Kylin 归档下载站点下载与二进制包对应的 gpg 签名文件（如 Apache Kylin 1.5.2.1 版本对应的签名文件是 apache-kylin-1.5.2.1-bin.tar.gz.asc），然后使用 gpg 命令进行校验：

```
gpg --verify apache-kylin-1.5.2.1-bin.tar.gz.asc apache-kylin-1.5.2.1-bin.tar.gz
```

如果校验时看不到 public key 的报错，那么可以到 Apache Kylin 的 github（https://github.com/apache/kylin/blob/master/KEYS）下载 public keys 文件并使用 gpg 命令导入：

```
gpg --import KEYS.txt
```

如果校验结果给出如下提示，则说明校验成功：

```
gpg: Signature made Sat Jun  4 19:48:47 2016 CST using RSA key ID XXXXXXXX
gpg: Good signature from "[NAME] <email@example.org>"
```

3. 快速部署

在一个节点上安装 Apache Kylin 十分简单，把下载的二进制包解压到本地目录中即可（如 /usr/local 或 /opt 目录）。例如，在命令行中输入如下命令，把 Apache Kylin 解压到 /usr/local 目录中：

```
cd /usr/local
tar -zxvf apache-kylin-x.y.z-bin.tar.gz
```

解压完成之后，需要设置环境变量 KYLIN_HOME 到解压目录，如：

```
export $KYLIN_HOME=/usr/local/apache-kylin-x.y.z-bin
```

到此为止，Apache Kylin 的安装过程就完成了。浏览 Apache Kylin 的安装目录，可以看到，安装目录中主要包含如下 5 个子目录。

- ❑ bin 目录：包含了所有运行和维护 Apache Kylin 的可执行文件，如启动脚本、Streaming 控制脚本、依赖查询脚本等。
- ❑ conf 目录：包含了 Apache Kylin 所有的配置文件，如日志配置、服务配置、任务配置等。
- ❑ logs 目录：该目录为 Apache Kylin 启动时自动创建的目录，是默认的日志路径。包含 Apache Kylin 运行日志、标准输出、JVM 垃圾回收日志等。
- ❑ tomcat 目录：该目录是一个内嵌的 tomcat 二进制包，是整个 Apache Kylin 服务的载体，同时服务于 Rest API 和 Web UI。
- ❑ sample 目录：该目录包含了一个小数据集的样例数据，用于帮助用户快速体验和测试 Kylin 的功能。

4. 启动 Apache Kylin

在第一次启动 Apache Kylin 之前，可以先运行下面的命令检查 Apache Kylin 所需要的环境、权限是否就绪。如果该命令没有通过，那么读者需要根据相应的提示对环境进行调整。检查命令如下：

```
$KYLIN_HOME/bin/check-env.sh
```

对环境的检查通过之后，可以直接在命令行中输入如下命令启动 Apache Kylin 服务：

```
$KYLIN_HOME/bin/kylin.sh start
```

一般的情况下，当命令执行结束并有如下提示时，Apache Kylin 服务就启动好了，读者可以在浏览器中开启 Apache Kylin 的 Web UI 了：

```
A new Kylin instance is started by root, stop it using "kylin.sh stop"
Please visit http://<ip>:7070/kylin
You can check the log at bin/../logs/kylin.log
```

成功启动 Apache Kylin 之后，如果读者想尽快体验一下，可以导入 Apache Kylin 官方提供的样例数据。在命令行中执行如下命令，即可导入一份小型数据集：

```
$KYLIN_HOME/bin/sample.sh
```

稍等几分钟，当看到如下提示时，Apache Kylin 的样例数据就导入完毕了：

```
Sample cube is created successfully in project 'learn_kylin'; Restart Kylin
server or reload the metadata from web UI to see the change.
```

如果用户在 Apache Kylin 的 Web UI 上仍未看到导入的 Cube，那么可能是因为缓存的原因，需要用户单击 System 页面的 "Reload Metadata" 按钮以重新加载元数据，或者直接重启 Kylin 服务。

如果需要停止 Kylin 服务，则可以在命令行中执行如下命令：

```
$KYLIN_HOME/bin/kylin.sh stop
```

如果 KYLIN_HOME 目录中的 pid 文件丢失，则可能导致上面的命令无法找到 Apache Kylin 进程。这时用户可以简单地通过 Linux 命令进行查找：

```
ps -ef | grep kylin
```

找到 Kylin 服务的进程号，并确认无误后，使用 kill 命令关闭该进程：

```
kill -KILL <KYLIN_PID>
```

10.1.3 配置 Apache Kylin

把 Apache Kylin 安装到集群节点之后，往往还需要对 Apache Kylin 进行配置，一方面将 Apache Kylin 接入现有的 Apache Hadoop、Apache HBase、Apache Hive 环境，另一方面可以根据实际环境条件对 Apache Kylin 进行性能优化。

1. 配置文件

在 Apache Kylin 安装目录的 conf 目录里，保存了对 Apache Kylin 进行配置的所有配置文件。读者可以修改配置文件中的参数，以达到环境适配、性能调优等目的。conf 目录下默认存在以下配置文件。

（1）kylin.properties

该文件是 Apache Kylin 服务所用的全局配置文件，和 Apache Kylin 有关的配置项都在此文件中。具体配置项在下文会有详细讲解。

（2）kylin_hive_conf.xml

该文件包含了 Apache Hive 任务的配置项。在构建 Cube 的第一步通过 Hive 生成中间表时，会根据该文件的设置调整 Hive 的配置参数。

（3）kylin_job_conf_inmem.xml

该文件包含了 MapReduce 任务的配置项。当 Cube 构建算法是 Fast Cubing 时，会根据该文件的设置来调整构建任务中的 MapReduce 参数。

（4）kylin_job_conf.xml

该文件包含了 MapReduce 任务的配置项。当 kylin_job_conf_inmem.xml 不存在，或者 Cube 构建算法是 Layer Cubing 时，可用来调整构建任务中的 MapReduce 参数。

2. 重要配置项

这些配置文件中，最重要就是 kylin.properties 了。本节将对一些最常用的配置项进行详细介绍。

（1）kylin.metadata.url

指定 Apache Kylin 元数据库的 URL。默认为 HBase 中 kylin_metadata 表，用户可以手动修改表名以使用 HBase 中的其他表保存元数据。在同一个 HBase 集群上部署多个 Apache Kylin 服务时，可以为每个 Apache Kylin 服务配置一个元数据库 URL，以实现多个 Apache Kylin 服务间的隔离。例如，Production 实例设置该值为 kylin_metadata_prod，Staging 实例设置该值为 kylin_metadata_staging，在 Staging 实例中的操作不会对 Production 环境产生影响。

（2）kylin.hdfs.working.dir

指定 Apache Kylin 服务所用的 HDFS 路径，默认在 HDFS 上 /kylin 的目录下，以元数据库 URL 中的 HTable 表名为子目录。例如，如果元数据库 URL 设置为 kylin_metadata@hbase，那么该 HDFS 路径的默认值就是 /kylin/kylin_metadata。请预先确保启动 Kylin 的用户有读写该目录的权限。

（3）kylin.server.mode

指定 Apache Kylin 服务的运行模式，值可以是"all"、"job"、"query"中的一个，默认是"all"。Job 模式指该服务仅用于 Cube 任务调度，而不用于 SQL 查询。Query 模式表示该服务仅用于 SQL 查询，而不用于 Cube 构建任务的调度。All 模式指该服务同时用于任务调度和 SQL 查询。

（4）kylin.job.hive.database.for.intermediatetable

指定 Hive 中间表保存在哪个 Hive 数据库中，默认是 default。如果执行 Kylin 的用户没有操作 default 数据库的权限，那么可以修改此参数以使用其他数据库。

（5）kylin.hbase.default.compression.codec

Apache Kylin 创建的 HTable 所采用的压缩算法，配置文件中默认使用了 snappy。如果实际环境不支持 snappy 压缩，则可以修改该参数以使用其他压缩算法，如 lzo、gzip、lz4 等，删除该配置项即不启动任何压缩算法。

（6）kylin.security.profile

指定 Apache Kylin 服务启用的安全方案，可以是"ldap"、"saml"、"testing"。默认值是 testing，即使用固定的测试账号进行登录。用户可以修改此参数以接入已有的企业级认证体系，如 ldap、saml。具体设置可以参考其他章节。

（7）kylin.rest.timezone

指定 Apache Kylin 的 Rest 服务所使用的时区，默认是 PST。用户可以根据具体应用的需要修改此参数。

（8）kylin.hive.client

指定 Hive 命令行类型，可以使用 cli 或 beeline。默认是 cli，即 hive cli。如果实际系统只支持 beeline 作为 Hive 命令行，那么可以修改此配置为 beeline。

（9）kylin.coprocessor.local.jar

指定 Apache Kylin 在 HTable 上部署的 HBase 协处理 jar 包，默认是 $KYLIN_HOME/lib 目录下以 kylin-coprocessor 开头的 jar 包。

（10）kylin.job.jar

指定构建 Cube 时提交 MapReduce 任务所用的 jar 包。默认是 $KYLIN_HOME/lib 目录下以 kylin-job 开头的 jar 包。

（11）deploy.env

指定 Apache Kylin 部署的用途，可以是 DEV、PROD、QA。默认是 DEV，在 DEV 模式下一些开发者功能将被启用。

> 说明　关于其他的配置文件，如 kylin_hive_conf.xml 和 kylin_job_conf.xml，它们的配置项都是 Hive 和 Hadoop 规定的配置项，不属于 Kylin 的范畴，用户可以阅读关于 Hadoop 和 Hive 的官方文档或其他相关图书进行了解，在此将不再赘述。

10.1.4　企业部署

上文介绍了对 Apache Kylin 进行快速部署及进行基本配置的方法。但是，如果想在企业中部署 Apache Kylin 作为线上系统以支持多业务多用户的使用场景，则必须考虑对于高并发、高可用、高性能的支持。本节将介绍在企业集群中如何更好地部署 Apache Kylin，以应对复杂的线上场景。

1. 集群部署

Apache Kylin 支持线性的水平伸缩，即通过集群部署的方式实现高并发和高可用。图 10-2 所示的就是集群部署的架构图，多个 Apache Kylin 服务可以通过负载均衡将任务和查询进行分散，缓解单点带来的故障隐患和性能瓶颈，同时提高查询的并发能力。

部署方法具体如下。

1）添加更多的 Apache Kylin 节点，在每个 Apache Kylin 实例的配置文件 kylin.properties 中设置相同的元数据库 URL，如 kylin.metadata.url=kylin_metadata_cluster@hbase。

2）设置其中一个节点的 kylin.server.mode 为 all（或者 job），其余节点为 query。即一个节点做任务调度，其余节点做查询处理。

3）修改配置文件中的 kylin.rest.servers 参数，如：

```
kylin.rest.servers=host1:7070,host2:7070,host3:7070
```

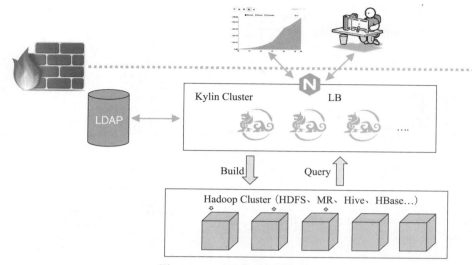

图 10-2　Kylin 集群部署架构图

4）部署一个负载均衡器（如 Nginx），将请求分发至 Apache Kylin 集群。

2. 读写分离

通常来说，一个 Cube 构建任务可能需要花费数十分钟的时间，并占用 Hadoop 集群资源。如果 HBase 和 Hadoop 共享同一集群，由于 Region Server 的硬件资源被 MapReduce 任务占用，在执行 Kylin 查询时性能会有所降低。因此，可以在集群部署的基础上，将 HBase 和 Hadoop 集群隔离，实现 Kylin 的读写分离，最大程度地降低构建任务和查询的相互影响。

图 10-3 是读写分离部署的架构图，从图 10-3 中可以看出，HBase 集群是一个独立于 Hadoop 的集群，拥有独占的 HDFS。Cube 构建仅发生在 Hadoop 集群，不会对 HBase 的查询产生影响；Cube 文件会在构建成功后转移到 HBase 集群。在这种模式中，Apache Kylin 节点需要靠近 HBase 集群，旨在查询时获取最好的网络性能。

以集群部署的方案为基础，读写分离的具体部署方法如下。

1）把 Apache Kylin 节点配置为 Hadoop 集群的客户端节点，并修改 HBase 客户端配置文件，把 HBase 服务器指向 HBase 集群。

2）修改 Apache Kylin 配置文件，设置 kylin.hbase.cluster.fs=hdfs://hbase-cluster:8020。注意，这个值要和 HBase Master 节点上 "root.dir" 的 Namenode 地址保持一致。

3. Staging/Prod 部署

一般来说，Apache Kylin 用户创建出的 Cube 要经过多次优化和调试才能拥有较好的性能，调试的过程往往需要多次修改元数据，并执行重建 Cube 等的操作，这一方面需要操作者拥有较高的权限，另一方面也会密集占用集群资源。而线上的生产系统对稳定性和响应时

间有 SLA 的需求，往往不希望用户做频繁的更改。因此，可以采用 Staging/Prod 模式部署
Kylin 服务，将 Staging 和线上环境进行区分。

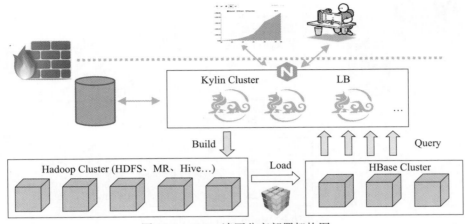

图 10-3　Kylin 读写分离部署架构图

（1）部署架构

图 10-4 是 Staging/Prod 模式的架构图。即在同样的 Hadoop/HBase 集群中部署两个
Apache Kylin 集群，一个作为 Staging 环境，另一个作为线上 Prod 环境。Staging 给了用户
较高的写权限，当新用户开始试用 Apache Kylin 时，先在 Staging 环境中创建、测试和调试
Cube，当 Cube 调试完毕并被 Apache Kylin 管理员检验通过后，再由管理员把 Cube 发布到
Prod 环境中。相反的，如果一个 Cube 需要从 Prod 环境中退役，也可以将其从 Prod 环境迁
移到 Staging 环境中留存一段时间。

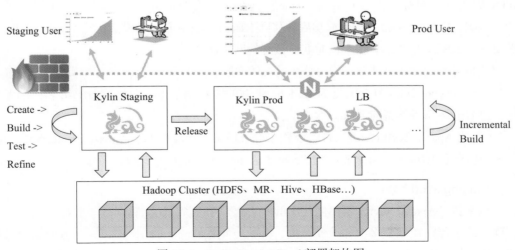

图 10-4　Kylin Staging/Prod 部署架构图

Prod 环境的使用不同于 Staging 环境的元数据库，它只允许用户进行查询和构建。管理员发布 Cube 的过程只涉及元数据的转移，所以仅花费数分钟即可完成。此外，还可以为 Staging 和 Prod 环境配置不同的 MapReduce 任务队列以隔离计算资源。

（2）元数据迁移

Apache Kylin 中提供了一个发布 Cube 的工具，可以方便地把 Cube 从 Staging 环境迁移到 Prod 环境中，命令如下：

```
$KYLIN_HOME/bin/org.apache.kylin.storage.hbase.util.CubeMigrationCLI srcKylinConfigUri
dstKylinConfigUri cubeName projectName copyAclOrNot purgeOrNot overwriteIfExists realExecute
```

其中共有 8 个参数，具体见表 10-2。

表 10-2　元数据迁移命令参数

参数	描述
srcKylinConfigUri	源 Kylin 的配置文件路径
dstKylinConfigUri	目的 Kylin 的配置文件路径
cubeName	迁移 Cube 的名称
projectName	目标项目的名称
copyAclOrNot	是否复制权限控制列表，true 或 false
purgeOrNot	是否把 Cube 数据清空，true 或 false
overwriteIfExists	如果目标系统中已存在，那么是否覆盖，true 或 false
realExecute	是否真正执行，true 或 false

用户需要根据自己的实际情况设置这些参数，第一次执行时可以将 realExecute 设置为 false，以测试整个过程是否会出错。确认无误后，再将 realExecute 参数设置为 true，然后真正执行迁移操作。由于 Cube 的迁移只涉及元数据的移动，因此不会占用过多的时间。

10.2　监控和诊断

对于 Apache Kylin 的运维人员来说，通过日志和报警对 Apache Kylin 进行监控、了解 Apache Kylin 整体的运行情况都是重要的工作职责之一。那么，如何收集和阅读 Apache Kylin 的日志呢？如何设置任务报警以便及时采取措施呢？如何开启系统仪表盘了解 Apache Kylin 的运行情况呢？本节将针对这些问题进行详细解答。

10.2.1　日志

当 Apache Kylin 顺利启动之后，默认会在 Apache Kylin 安装目录下产生一个 logs 目录，该目录将保存 Apache Kylin 运行过程中产生的所有日志文件。Apache Kylin 的日志文件包含了很多信息，一些是运行时的环境信息，一些是任务流的过程参数，还有一些可能是警告和错误信息。其中，某些报错只是描述一个任务或 Apache Kylin 服务的暂时情况，并不意味 Apache Kylin 服务遇到了致命的问题。

Apache Kylin 的日志主要包含以下 3 个文件。

（1）kylin.log

该文件是主要的日志文件，所有的 logger 默认写入该文件，其中与 Apache Kylin 相关的日志级别默认是 DEBUG。日志随日期轮转，即每天 0 点时将前一天的日志存放到以日期为后缀的文件中（如 kylin.log.2014-01-01），并把新一天的日志保存到全新的 kylin.log 文件中。

（2）kylin.out

该文件是标准输出的重定向文件，一些非 Apache Kylin 产生的标准输出（如 Tomcat 启动输出、Hive 命令行输出等）将被重定向到该文件。

（3）kylin.gc

该文件是 Apache Kylin 的 Java 进程记录的 GC 日志。为避免多次启动覆盖旧文件，该日志使用了进程号作为文件名的后缀（如 kylin.gc.9188）。

在一些较老版本的 Apache Kylin 中，该文件夹下还保存了另外两个日志文件。它们的内容是 kylin.log 的子集，只包含特定功能相关的日志。

（1）kylin_job.log

该文件保存了 Cube 构建相关的日志。默认级别是 DEBUG。

（2）kylin_query.log

该文件保存了查询相关的日志。默认级别是 DEBUG。

说明　日志是快速了解 Apache Kylin 服务运行状况最直接的方式之一。当运维人员遇到故障问题或执行运维操作时，应当首先查看日志。例如，在需要重启 Apache Kylin 服务时，最好先查看日志，以确认暂时没有用户进行查询或正在构建 Cube，在服务空闲的时候执行重启、升级等维护操作。

下面将以查询为例，简单介绍一下如何在日志中获取查询的更多信息。首先在 Web UI 中执行一个查询，然后马上到 kylin.log 文件尾部查找相关日志。当查询结束后，我们会看到如下的记录片段：

```
2016-06-10 10:03:03,800 INFO  [http-bio-7070-exec-10] service.QueryService:251 :
==========================[QUERY]===============================
SQL: select * from kylin_sales
User: ADMIN
Success: true
```

```
Duration: 2.831
Project: learn_kylin
Realization Names: [kylin_sales_cube]
Cuboid Ids: [99]
Total scan count: 9840
Result row count: 9840
Accept Partial: true
Is Partial Result: false
Hit Exception Cache: false
Storage cache used: false
Message: null
=========================[QUERY]===============================
```

表 10-3 是对上述片段中主要字段的介绍。

表 10-3　日志中 Query 相关信息及介绍

字段	介绍
SQL	查询所执行的 SQL 语句
User	执行查询的用户名
Success	该查询是否成功
Duration	该查询所用时间（单位：秒）
Project	该查询所在项目
Realization Names	该查询所击中的 Cube 名称

因为篇幅原因本书不再做过多介绍，对日志感兴趣的读者可以根据日志记录中的类名和行号阅读相关源码。

显然，这些日志的路径可以通过修改配置文件进行调整。从最新的 Apache Kylin 代码中可以看出，新版本的 Apache Kylin 会把日志的配置文件 kylin-server-log4j.properties 放置到 conf 目录下，如果用户有需求调整日志级别、修改日志路径等，都可以修改此文件中的内容，并重启 Kylin 服务。

当 Apache Kylin 出现故障后，第一要务就是查看日志。一般情况下，故障的发生大多数是由于程序中出现了异常（Exception），根据故障发生的时间查找日志中的异常或 ERROR 记录，能够快速定位问题出现的根本原因。有时候，故障的发生是由于系统中存在缺陷（Bug），用户可以在 JIRA（详见 10.5.2 节）中提交 Bug 时附上相关的日志片段，以便于社区开发者快速定位和重现问题。

10.2.2　任务报警

在 Apache Kylin 中，构建一个 Cube 往往至少需要花费几十分钟的时间。因此，当一个 Cube 构建任务完成或失败时，运维人员常常希望可以在第一时间得到通知，以便进行下一步的增量构建或故障排查。于是，Apache Kylin 中提供了一个邮件通知的功能，可以在 Cube

状态发生改变时，向 Cube 管理员发送电子邮件。

想要通过电子邮件实现任务报警，需要首先在配置文件 kylin.properties 中进行设置。

❑ 将 mail.enabled 设置为 true，即可启动邮件通知功能。

❑ 将 mail.host 设置为邮件的 SMTP 服务器地址。

❑ 将 mail.username 设置为邮件的 SMTP 登录用户名。

❑ 将 mail.password 设置为邮件的 SMTP 登录密码。

❑ 将 mail.sender 设置为邮件的发送邮箱地址。

设置完毕后，重新启动 Apache Kylin 服务，这些配置即可生效。

接下来，需要对 Cube 进行配置。首先设置 Cube 的邮件联系人，作为邮件通知的收件人。如图 10-5 所示。

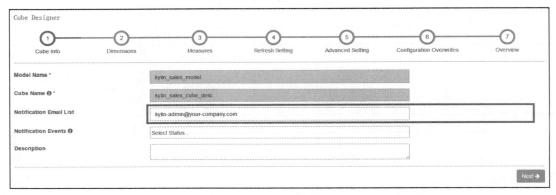

图 10-5　邮件通知设置（1）

然后，选择一些状态作为邮件通知的触发条件。即当 Cube 构建任务切换到这些状态时，就给用户发送邮件通知（如图 10-6 所示）。

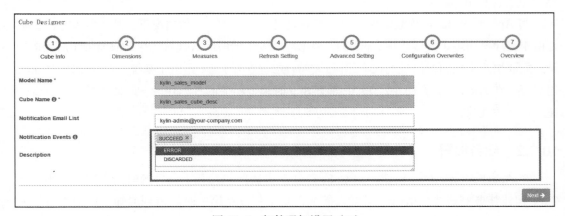

图 10-6　邮件通知设置（2）

除了邮件通知，用户有时还会希望把 Apache Kylin 的监控接入到现有的一站式监控平台当中。为了实现这一目的，用户可以基于 Apache Kylin 的 Rest API 进行二次开发，在第三方系统中实时掌握 Apache Kylin 的最新状态。关于 Rest API 的详细信息，请参考第 5 章。

10.2.3 诊断工具

在 Kylin 1.5.2 之后的版本中，在 Web UI 上提供了一个"诊断"功能。该功能的入口总共有两处：项目诊断和任务诊断。

1. 项目诊断

用户经常会遇到一些棘手的问题，例如 Cube 创建失败、SQL 查询失败，或者 SQL 查询时间过长等。运维人员需要抓取相关信息并进行分析，以找出问题的根本所在。这时候，可以选择错误所在的项目，然后单击 System 页面下的 Diagnosis 按钮，系统会自动生成一个 zip 格式的压缩包，其包含了该项目下所有的有用信息，可以帮助运维人员缩小问题排查的范围，并为问题的快速定位提供了方向（如图 10-7 所示）。

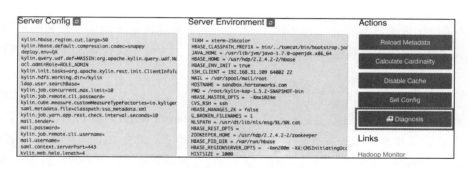

图 10-7　项目诊断

2. 任务诊断

若一个 Cube 构建任务执行失败或时间过长，运维人员还可以单击 Job 下的 Diagnosis 菜单项（如图 10-8 所示），以生成一个专门针对该任务的 zip 压缩包，帮助运维人员快速分析任务的失败原因。

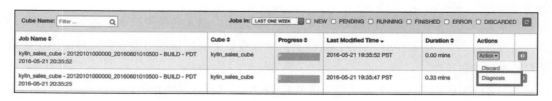

图 10-8　任务诊断

10.3　日常维护

Apache Kylin 服务器每天都会接受不同用户提交的多个 Cube 构建任务，有时会因为 Cube 设计不当或集群环境异常等原因，导致 Cube 构建失败或时间过长，这时就需要运维人员提高警惕；此外，Kylin 服务运行一段时间之后，一些存在于 HBase 或 HDFS 上的数据会成为无用数据，需要定时对存储器进行垃圾清理。本节将介绍这些日常维护中常见的问题和相应的对策。

10.3.1　基本运维

作为 Apache Kylin 的运维人员，工作中需要做到以下几点。

❏ 确保 Apache Kylin 服务运行正常。

❏ 确保 Apache Kylin 对集群资源的利用正常。

❏ 确保 Cube 构建任务正常。

❏ 实现灾难备份和恢复。

……

常言道"工欲善其事，必先利其器"，运维人员需要熟练地运用本章提到的各种工具，对 Apache Kylin 服务的每日运行状况进行监控，此外，也方便在遇到问题时找到合理的解决途径。

为了保障 Apache Kylin 服务的正常运行，运维人员可以对 Apache Kylin 的日志进行监控，确保 Apache Kylin 进程的稳定运行。为了确保 Apache Kylin 对集群资源的正常利用，运维人员需要经常查看 MapReduce 任务队列的闲忙程度，以及 HBase 存储的利用率（如 HTable 数量、Region 数量等）。为了确保 Cube 构建任务的正常，请根据邮件通知或 Web UI 的 Monitor 页面对任务进行监控。

10.3.2　元数据备份

元数据是 Apache Kylin 中最重要的数据之一，备份元数据是运维工作中一个至关重要的环节。只有这样，在由于误操作导致整个 Apache Kylin 服务或某个 Cube 异常时，才能将 Apache Kylin 快速从备份中恢复出来。

一般情况下，在每次进行故障恢复或系统升级之前，对元数据进行备份是一个良好的习惯，这可以保证 Apache Kylin 服务在系统更新失败后依然有回滚的可能，在最坏的情况下依然保持系统的鲁棒性。

Apache Kylin 提供了一个工具用于备份 Kylin 的元数据，具体用法是：

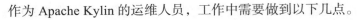

```
$KYLIN_HOME/bin/metastore.sh backup
```

当看到如下提示时即为备份成功：

```
metadata store backed up to /usr/local/kylin/meta_backups/meta_2016_06_10_20_24_50
```

上面的示例命令会把 Apache Kylin 用到的所有元数据以文件的形式下载到本地目录当中（如 /usr/local/kylin/meta_backups/meta_2016_06_10_20_24_50）。目录结构如表 10-4 所示。

表 10-4　元数据备份目录介绍

目录名	介绍
project	包含了项目的基本信息，项目所包含其他元数据类型的声明
model_desc	包含了描述数据模型的基本信息、结构的定义
cube_desc	包含了描述 Cube 模型的基本信息、结构的定义
cube	包含了 Cube 实例的基本信息，以及下属 Cube Segment 的信息
cube_statistics	包含了 Cube 实例的统计信息
table	包含了表的基本信息，如 Hive 信息
table_exd	包含了表的扩展信息，如维度
table_snapshot	包含了 Lookup 表的镜像
dict	包含了使用字典列的字典
execute	包含了 Cube 构建任务的步骤信息
execute_output	包含了 Cube 构建任务的步骤输出

此外，元数据备份也是故障查找的一个工具，当系统出现故障导致前端频繁报错时，通过该工具下载元数据并查看文件，往往能对确定元数据是否存在问题提供很大帮助。

10.3.3　元数据恢复

有了元数据备份，用户往往还需要从备份中恢复元数据。和备份类似，Apache Kylin 中提供了一个元数据恢复的工具，具体用法是：

```
$KYLIN_HOME/bin/metastore.sh restore /path/to/backup
```

如果从 10.3.2 节元数据备份的例子中进行恢复，需要在命令行中执行：

```
cd $KYLIN_HOME
bin/metastore.sh restore meta_backups/meta_2016_06_10_20_24_50
```

恢复成功后，用户可以在 Web UI 上单击 "Reload Metadata" 按钮对元数据缓存进行刷新，即可看到最新的元数据。

此外，Apache Kylin 中的 metastore.sh 脚本还有很多功能，如 remove、fetch、cat 等，用户可以通过执行如下命令来查看其具体的使用方法：

```
$KYLIN_HOME/bin/metastore.sh
```

10.3.4 系统升级

从 Apache Kylin 项目开源并加入 Apache 软件基金会至今，已进行过多次版本发布，每次发布都会引入很多新的功能特性，修复旧版本的功能缺陷，或者重构代码结构。这就可能导致一个问题：元数据或 Cube 数据在不同版本间不兼容。对于已经部署了老版本的 Apache Kylin 用户来说，为了利用到新版本所添加的功能，必须对现有的 Apache Kylin 实例进行升级。本节将介绍如何从一些使用较为广泛的老版本进行升级。

1. 从 1.5.1 升级到 1.5.2

Apache Kylin 1.5.2 与 Apache Kylin 1.5.1 版本的元数据、Cube 数据都是兼容的，不需要对数据进行升级。但是因为 HBase 协处理的通信协议发生了改动，而已有的 HTable 仍然绑定了老版本的 HBase 协处理器 Jar 包，因此必须为现有的 HTable 重新部署 HBase 协处理器 Jar 包。在命令行中执行如下命令即可为所有的 HTable 重新部署 HBase 协处理器 jar 包：

```
$KYLIN_HOME/bin/kylin.sh org.apache.kylin.storage.hbase.util.DeployCoprocessorCLI
$KYLIN_HOME/lib/kylin-coprocessor-*.jar all
```

除了 HBase 协处理器，在 Apache Kylin 1.5.2 版本中还对 kylin.properties 配置文件进行了更新，升级人员在覆盖配置文件的时候需要多加注意，因为有三个在 Apache Kylin 1.5.1 及之前版本中存在的 HBase Region 划分相关的选项被弃用了，它们分别是：

- ❑ kylin.hbase.region.cut.small=5
- ❑ kylin.hbase.region.cut.medium=10
- ❑ kylin.hbase.region.cut.large=50

在 Apache Kylin 1.5.2 的新版本中，如果需要对不同的 Cube 设置不同的 HBase Region 划分尺度，可以在 Web UI 上为单个 Cube 重写 kylin.hbase.region.cut 和 kylin.hbase.hfile.size.gb 这两个配置，如图 10-9 所示。

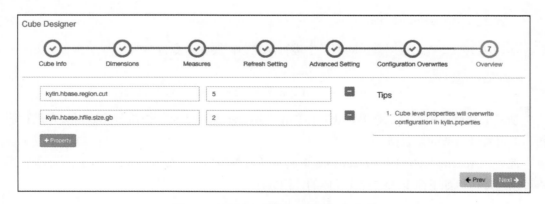

图 10-9　为 Cube 配置 region 切分方式

此外，在 Apache Kylin 1.5.2 版本中，Apache Kylin 为采用 Fast Cubing 算法进行构建的 Cube 安排了一个单独的配置文件，用于配置 Map Reduce 任务的参数，配置文件保存在 conf/ kylin_job_conf_inmem.xml 中。同时，下列在 Apache Kylin 1.5.1 及之前版本中存在的配置文件也被弃用：

❑ kylin_job_conf_small.xml

❑ kylin_job_conf_medium.xml

❑ kylin_job_conf_large.xml

2. 从 Apache Kylin 1.5.0 及之前版本升级到 Apache Kylin 1.5.1

Apache Kylin 1.5.1 和 Apache Kylin 1.5.0 及之前版本的元数据格式并不兼容，用户需要对元数据进行升级。在升级后，原有的已构建好的 Cube 仍然可以继续进行查询。以下是升级的具体过程。

1）停止正在运行的老版本 Apache Kylin 实例。

2）备份元数据。根据上文介绍的元数据备份方法，在执行升级操作前对元数据进行备份，以便于在升级失败后进行回滚。

3）备份配置文件。将老版本 Apache Kylin 安装目录下的 conf 目录备份至其他目录。

4）安装 Apache Kylin 1.5.1。前往 Apache Kylin 官网下载 1.5.1 版本的二进制包，并解压到一个新的目录中，并把上一步备份好的 conf 目录复制到该安装目录。需要特别注意的是，新版本可能引入了一些新的配置参数，用户需要对新老版本的配置文件进行手动比较和合并。

5）执行升级。把新的安装目录设置为 KYLIN_HOME，然后将第一步的元数据备份复制到该目录。接下来在命令行中执行如下命令，对复制进来的元数据文件进行升级。注意，请不要直接在第 2 步的元数据备份目录下执行升级，因为升级命令会直接修改元数据文件，这样会因为丧失老版本的元数据文件而丧失回滚的能力。

元数据升级代码如下：

```
export KYLIN_HOME="<path_of_1_5_1_installation>"
$KYLIN_HOME/bin/kylin.sh  org.apache.kylin.cube.upgrade.entry.CubeMetadataUpgradeEntry_
v_1_5_1 < COPIED_METADATA_DIR>
```

6）上传元数据。利用上文介绍的元数据恢复工具，将升级后的元数据恢复到 Apache Kylin 实例的元数据仓库中。如果这新老版本实例的元数据仓库使用了同一个元数据库（见 kylin.metadata.url 属性），则需要先对元数据仓库进行重置。可以参考如下命令：

```
$KYLIN_HOME/bin/metastore.sh reset
$KYLIN_HOME/bin/metastore.sh restore <UPGRADED_METADARA_DIR>
```

7）重新部署 HBase 协处理器 Jar 包。与 Apache Kylin 1.5.1 升级到 Apache Kylin 1.5.2 版

本一样，此处也需要对 HBase 协处理器进行重新部署，新版本的 HBase 协处理器 Jar 包放置在安装目录的 lib 目录中。具体部署方法可以参考前文，在此不再赘述。

8）启动新的 Apache Kylin 实例。

3. 升级失败后回滚

如果升级任务失败，导致生产系统长时间无法运行，往往会对业务系统产生严重的影响。因此，为了保证生产系统的正常运行，必须立即在升级失败后进行回滚，将系统恢复到升级之前的状态。以下是回滚的具体操作步骤。

1）停止新 Apache Kylin 实例。

2）恢复元数据。正如上文所述，升级前必须对元数据进行备份。实现这一步需要从升级前备份的元数据目录中对元数据仓库进行恢复。如果新老 Apache Kylin 实例的元数据仓库使用了同一个 HTable，则需要先对元数据进行重置。请参考以下命令：

```
export KYLIN_HOME="<path_of_old_installation>"
$KYLIN_HOME/bin/metastore.sh reset
$KYLIN_HOME/bin/metastore.sh restore <path_of_BACKUP_FOLDER>
```

3）重新部署 HBase 协处理器。因为升级过程中给 HTable 部署了新版本的 HBase 协处理器 Jar 包，所以回滚时需要把老版本的 HBase 协处理 Jar 包部署到 HTable 中。老版本的 HBase 协处理器 Jar 包放置于 Apache Kylin 安装目录的 lib 目录中。具体部署方法可以参考前文，在此不再赘述。

4）启动老版本的 Apache Kylin 实例。

10.3.5 垃圾清理

如前文所述，在 Apache Kylin 运行一段时间之后，会有很多数据因为不再使用而变成了垃圾数据，这些数据占据着大量的 HDFS、HBase 等资源，当积累到一定规模时它们会对集群性能产生影响。

这些垃圾数据主要包括：

❑ Purge 之后原 Cube 的数据。

❑ Cube 合并之后原 Cube Segment 的数据。

❑ 任务中未被正常清理的临时文件。

❑ 很久之前 Cube 构建的日志和任务历史。

为了对这些垃圾数据进行清理，Apache Kylin 提供了两个常用的工具。请特别注意，数据一经删除将彻底无法恢复！建议使用前先进行元数据备份，并对目标资源进行谨慎核对。

1. 清理元数据

第一个是元数据清理工具，该工具有一个 delete 参数，默认是 false。只有当 delete 参数为 true 时，工具才会真正对无效的元数据进行删除。该工具的执行方式如下：

```
$KYLIN_HOMEbin/metastore.sh cleanup [--delete true]
```

第一次执行该工具时建议省去 delete 参数，这样一来，就只会列出所有可以被清理的资源供用户核对，而并不实际进行删除操作。当用户确认无误后，再添加 delete 参数并执行命令，才会进行实际的删除操作。

默认情况下，该工具会清理的资源列表如下：

❑ 2 天前创建的已经无效的 Lookup 表镜像、字典、Cube 统计信息。

❑ 30 天前结束的 Cube 构建任务的步骤信息、步骤输出。

2. 清理存储器

第二个工具是存储器清理工具。顾名思义，就是对 HBase 和 HDFS 上的资源进行清理。同样的，该工具也有一个 delete 参数，默认是 false。当且仅当 delete 参数的值是 true 时，工具才会对存储器中的资源真正执行删除操作。该工具的执行方式如下：

```
$KYLIN_HOME/bin/kylin.sh storage cleanup [--delete true]
```

第一次执行该工具时建议省去 delete 参数，这样只会列出所有可以被清理的资源供用户核对，而并不实际进行删除操作。当用户确认无误后，再添加 delete 参数并执行命令，才会进行实际的删除操作。

默认情况下，该工具会清理的资源列表如下：

❑ 创建时间在 2 天前，且已无效的 HTable。

❑ 在 Cube 构建时创建的但未被正常清理的的 Hive 中间表、HDFS 临时文件。

10.4　常见问题和修复

在运维过程中，有些问题是经常会遇到的。我们收集了社区中出现频率较高的一些问题，并在此给出常见的解决方法。

问题 1：升级 Apache Kylin 版本后所有查询报错 Timeout visiting cube！

这个错误的原因是 HBase 协处理器中出现错误，建议用户查看日志，并详细查看该报错周边是否存在其他异常。常见的原因是由于新老版本的协处理器通信协议不兼容，解决方法是重新部署 HBase 协处理器。

Apache Kylin 中提供了一个命令用于对某些 HTable 的协处理器进行动态更新：

```
$KYLIN_HOME/bin/kylin.sh org.apache.kylin.storage.hbase.util.DeployCoprocessorCLI
$KYLIN_HOME/lib/kylin-coprocessor-*.jar [all|-cube <cube name>|-table <htable name>]
```

该命令最后的参数用于指定 HTable 的范围。如果是 all，那么该 Apache Kylin 服务中所有的 HTable 都将被更新；如果是 -cube <cube name>，则被指定的 Cube 下所有的 HTable 都将被更新；如果是 -table <htable name>，则仅仅更新被指定名称的 HTable。

问题 2：构建 Cube 的 MapReduce 总是无法启动，原因是 yarn 无法分配足够的内存。

在构建 Cube 时有两种算法：Fast Cubing 和 Layer Cubing，而 Fast Cubing 对内存的要求较高。因此在 Apache Kylin 配置文件 kylin_job_conf.xml 和 kylin_job_conf_inmem.xml 中对 Mapper 的内存定义了默认值，见参数 mapreduce.map.memory.mb 和 mapreduce.map.java.opts。这些值超过了 yarn 中定义的 container 内存限制。建议对 yarn 配置和 Kylin 配置文件中 Mapper 内存配置进行核对，然后做响应的调整。

问题 3：在 Fast Cubing 构建 Cube 时，Mapper 抛出 OutOfMemoryException 异常。

造成这种问题的原因，一方面有可能是 Mapper 的内存设置过少，可以调整 kylin_job_conf.xml（Apache Kylin 1.5.2 版本之前）或 kylin_job_conf_inmem.xml（Apache Kylin 1.5.2 版本之后）中对 Mapper 内存的设置，参数是 mapreduce.map.memory.mb 和 mapreduce.map.java.opts。另一方面，有可能是一个 Mapper 处理了过多的数据，可以缩小 kylin_hive_conf.xml 中的 dfs.block.size 参数，使 Hive 输出更多小文件，从而增大 Mapper 数量，并减小单个 Mapper 处理的数据量。

问题 4：在构建 Cube 时报错说 Cube Signature 不一致。

Cube Signature 是对 Cube 结构一致性的保护措施，造成 Signature 不一致的原因主要有两个：一是手动修改了 JSON 格式的元数据信息并覆盖了 metastore，在这种情况下请再次核对修改是否有必要，如果确有必要，建议 Purge 这个 Cube 后在 Web UI 上修改元数据结构；二是 Apache Kylin 升级后由于版本不兼容导致的，这种情况出现的概率较小，建议先到社区求助。对于了解 Cube Signature 的高级用户，可以使用下面这个工具强制刷新所有的 Cube Signature：

```
$KYLIN_HOME/bin/kylin.sh org.apache.kylin.cube.cli.CubeSignatureRefresher [cube names]
```

在这个命令中，Cube 名字参数可选，若为空则更新所有的 Cube。这个工具会重新计算并覆盖 Cube 的 Signature，如果手动修改了就绪状态的 Cube 元信息，并执行此工具则可能导致 Cube 的不同 Segment 间的结构不一致，请慎用！

10.5 获得社区帮助

目前，Apache Kylin 是 Apache 软件基金会的顶级项目，拥有相当活跃的开源社区。因此，用户有任何问题都可以向 Apache Kylin 社区进行讨论。Apache Kylin 社区推荐的两种交流方式是邮件列表和 JIRA。

10.5.1　邮件列表

邮件列表是 Apache Kylin 社区进行技术讨论和用户交流最活跃的渠道。当用户遇到任何技术问题，首先可以到 Apache Kylin 邮件列表的归档中进行历史检索，以查看先前是否存在相关的讨论。如果找不到有用的信息，用户可以在订阅 Apache Kylin 的邮件列表之后，用个人邮箱向 Apache Kylin 邮件列表发送邮件，所有订阅了邮件列表的用户都会看到此邮件，并回复邮件以发表自己的见解。

Apache Kylin 主要有 3 个邮件列表，分别是 dev、user、issues。dev 列表主要讨论 Kylin 的开发及新版本发布，user 列表主要讨论用户使用过程中遇到的问题，issues 主要用于追踪 Kylin 项目管理工具（JIRA）的更新动态。以 dev 为例，用户必须先订阅才能收发邮件列表中的邮件，订阅的方法具体如下。

1）发送邮件到 dev-subscribe@kylin.apache.org。

2）收到确认邮件后，按照邮件提示，给指定邮箱发送确认信息。

3）订阅成功。

正因为 Apache Kylin 社区是开源社区，因此所有用户和 Committer 都是志愿进行贡献的，所有的讨论和求助是没有 SLA（Service Level Agreement）的。为了提高讨论效率、规范提问，建议用户在撰写邮件时详细描述问题的出错情况、重现过程、安装版本等，并且最好能提供相关的出错日志。

10.5.2　JIRA

JIRA 是 Apache 项目用于项目管理和缺陷跟踪的系统。当用户遇到问题，并怀疑是 Apache Kylin 的缺陷所导致的时，或者有给 Apache Kylin 添加新特性的想法时，都可以登录 Apache Kylin 的 JIRA 系统提交 Ticket。同样的，为了提高沟通效率，建议在 JIRA Ticket 的描述中详细叙述遇到的问题和期望的解决方案。

Apache Kylin JIRA 的地址是：https://issues.apache.org/jira/browse/KYLIN。用户首次登录需要用电子邮箱注册一个账号，接下来就可以创建 Ticket 或对现有的 Ticket 进行评论了。

10.6　小结

本章汇总了 Apache Kylin 从安装到配置，从监控到维护的各方面内容。需要注意的是 Apache Kylin 本质上是一个 Hadoop 应用程序，它的稳定和健康在很大程度上依赖 Hadoop 集群服务的稳定和健康。在实际使用中，很多常见的 Apache Kylin 问题追溯源头都会归因于 Hadoop 集群的异常。因此要用好 Apache Kylin，有一个强健的 Hadoop 集群和运维团队至关重要。

第 11 章

参 与 开 源

Apache Kylin（截稿时）是唯一一个由中国团队贡献到 Apache 软件基金会（ASF）的顶级开源项目，在这之前，曾经也有过几个项目加入 Apache 孵化器项目，但最终都失败了。而 Apache Kylin 在短短的 11 个月之内，从无到有；从最初的几个人发展到几百人的活跃社区；从初加入的懵懂到毕业时候的成熟；从最初基金会及导师们的都不太看好，到最终毕业时给予极高的褒奖；Kylin 社区证明了中国开发者也可以毫无障碍地参与到国际顶级社区，引导大数据技术发展。Apache 孵化器副总裁 Ted Dunning 在 Apache Kylin 毕业成为顶级项目的官方新闻中评价道："Apache Kylin 在技术方面当然是振奋人心的，但同样令人兴奋的是 Kylin 代表了亚洲国家，特别是中国，在开源社区中越来越高的参与度"。

作为 Apache 软件基金会项目的开拓者，我们也非常希望能够将经验分享给每一位有志于贡献到开源社区的朋友，来一起壮大开源世界的力量，并进一步扩大来自中国的开发者的影响力。

11.1 Apache Kylin 的开源历程

2013 年年中，Kylin 项目在 eBay 内部启动。

2014 年 10 月，Kylin 平台在 eBay 内部正式上线，并正式在 github.com 上开源，短短几天即获得业界专家的认可，他们也鼓励 eBay 的 Kylin 核心团队加入 Apache 软件基金会，与 Hadoop、Spark、Kafka 等知名大数据项目一起构建大数据生态社区。

2014 年 11 月，正式加入 Apache 孵化器项目，并改名为 Apache Kylin。

2015 年 11 月，在经过严格的社区讨论和投票之后，Apache Kylin 正式毕业成为 ASF 顶级项目，为首个，也是目前唯一的来自中国的 Apache 顶级项目（TLP）。

2016 年 3 月，Kyligence 公司成立，成为推动社区发展的新动力。

Apache Kylin 从刚开始开源时不到 10 个人的社区，逐步发展到了几百人的全球活跃社区，并赢得了众多使用者，在 eBay、美团、百度、网易、京东、微软、中国移动等著名公司被作为核心大数据分析系统。此外，还发展了非常多的贡献者（Contributor）、核心代码提交者（Committer）及项目管理委员会成员（PMC Member），其中还包括来自京东、美团、网易等的工程师，社区正在一天天逐步壮大。

11.2　为什么参与开源

作为个人，参与开源已经成为越来越多朋友的共识。在今天，特别是大数据领域，绝大部分技术都是开源的，包括 Hadoop、Spark、Kafka、Kylin 等，个人在开源社区的成长和能力提升显而易见。在有兴趣的领域内，不断参与和贡献，赢得社区的认可，甚至进一步成为 Committer 或 PMC Member，这对个人的技术能力，对职业的发展等都会带来极大的价值。

作为公司，参与开源也已经成为一个趋势，几乎各个互联网公司都在通过开源项目来彰显自己的技术实力，构建技术品牌。好的开源项目可以极大地提升公司的形象，特别是在工程师群体中的认知度。这里典型的案例是 LinkedIn，从 Kakfa 开始，LinkedIn 不断开源了很多优秀的项目，特别是 Kafka，很好地推动了整个行业的发展，几乎成为了事实标准。LinkedIn 也由此收获了无数的赞誉。

11.3　Apache 开源社区简介

11.3.1　简介

Apache 软件基金会（Apache Software Foundation，ASF）[⊖]，是依据美国国内税法（Internal Revenue Code, IRC）的 501(c)3 条款在 1999 年建立的非营利性组织，具有如下特点。

- ❑ 为开放、协作的软件开发项目提供基础，包括硬件、交流及业务基础架构等。
- ❑ 作为一个独立的法律实体以使得公司及个人能够捐献资源并保证这些资源为公益所使用。
- ❑ 为个人志愿者提供针对基金会项目法律诉讼的庇护方式。
- ❑ 保护 Apache 品牌及其软件产品，避免被其他组织滥用。

在其所支持的 Apache 项目与子项目中，所发行的软件产品都遵循 Apache 许可证

⊖　参考 https://zh.wikipedia.org/wiki/Apache 软件基金会。

（Apache License）协议，目前协议版本为 2.0，即常说的 Apache License 2.0 [⊖]。

Apache 软件基金会正式创建于 1999 年，在这之前，为了维护 Apache HTTP 服务器，在 Apache HTTP 服务器的作者 Rob MaCool 不再维护这个项目时，由一群这个服务器软件的爱好者和使用者自发成立了一个兴趣小组，通过邮件列表的方式进行交流和软件维护。这些开发者、使用者和爱好者逐渐将这个小组命名为"Apache 组织"。这个命名来自北美当地的一支印第安部落，该部落以超高的军事素养和超人的耐力著称，19 世纪后半期对入侵者进行了反抗。为了对这支印第安部落表示敬仰之意，取其部落名称（Apache）作为服务器名，并逐渐演化成了今天的 Apache 软件基金会组织。直到今天，ASF 社区依然保持了使用邮件列表作为主要沟通方式和参与项目方式的传统。

自 1999 年成立以来，这个全志愿者基金会见证了超过 350 个领先的开源项目，包括 Apache HTTP 服务器——全球最流行的 Web 服务器软件。通过被称为"The Apache Way"的 ASF 精英管理过程，超过 550 位个人成员和 4700 位代码提交者成功合作建立了可免费使用的企业级软件，使全球数以百万级的用户受益：数千软件解决方案在 Apache 许可证下发布；社区积极参与 ASF 邮件列表，指导项目，并举办该基金会的正式用户会议、培训和 ApacheCon。ASF 是美国 501(c)(3) 慈善组织，由个人捐赠和包括 Bloomberg、Budget Direct、Cerner、Citrix、Cloudera Comcast、Facebook、Google、Hortonworks、HP、Huawei、IBM、InMotion Hosting、iSigma、LeaseWeb、Matt Mullenweg、Microsoft、PhoenixNAP、Pivotal、Private、Internet Access、Produban、Red Hat、Serenata Flowers、WANdisco 和 Yahoo 等企业赞助商提供的资金以维持运营。

11.3.2　组织构成与运作模式

Apache 软件基金会是由 Apache 会员（ASF Member）组成的志愿者组织并运营和管理所有项目，由不同的实体来治理。

董事会（Board of Directors，Board）：基金会下设董事会来管理和监督 ASF 的日程事务、商务合作、捐赠等事宜，确保整个社区按照章程正常运作，董事会由会员（ASF Member）组成。董事会每月会举行一次会议，审议相关顶级项目的报告，各个副总裁，包括基础架构、品牌、媒体、法律等报告，审议支出等信息，所有信息会员都有权利查看并质疑。并可以进一步发起讨论以要求相关项目的进一步解释和改正。

项目管理委员会（Project Management Committee，PMC）：由董事会依据决议建立，管理一个或多个社区，其由项目贡献者组成（注：每一个会员，即 ASF Member，都是贡献者），每个 PMC 至少都有一个 ASF 的官员，其为主席，也可能会有一个或多个 ASF 会员。PMC 主席由董事会任命，并作为 ASF 的官员（副总裁）。主席向董事会负主要责任，并有权

⊖　参考 https://www.apache.org/licenses/LICENSE-2.0。

建立规则和管理社区的日常工作流程。ASF 章程定义了 PMC 及主席职位。从基金会的角度，PMC 的角色是监管，主要职责不是代码及编程，而是确保所有的法律问题被解决，流程被遵守，以及由整个社区来完成每一次发布。其次的职责是整个社区的长远发展和健康。ASF 的角色是分配给你个人，而不是你现在的工作或是雇佣者或是公司。尽管如此，PMC 也保持着很高的标准，特别是主席，是董事会的眼睛和耳朵，董事会信任并依靠主席来提供法律监管。董事会有依据决议随时终止 PMC 的权利。

官员（一般称为副总裁）：由董事会任命，在特定领域内设置基金会级别的规则，包括法律、品牌、募捐等，各官员由董事会选举任命。

11.3.3　项目角色

每一个独立的 Apache 项目社区的精英管理体制通常是由不同的角色组成的[一]。

用户（User）：用户指使用该项目的人，他们对 Apache 项目的贡献是向开发者提交反馈，包括 Bug 报告、特性建议等。用户以在邮件列表及用户支持论坛中帮助其他用户来参与 Apache 社区。

开发者（Developer）：开发者为特定的项目贡献代码或文档。他们会更为积极地在开发者邮件列表中参与讨论，提交 Patch、撰写文档、提供建议、评论等。开发者也被称为贡献者（Contributors）。

提交者（Committer）：提交者是被赋予代码库写权限及书面签署了 CLA（贡献者许可协议）的开发者。他们拥有 apache.org 邮箱地址。他们可以自行决定项目的短期决议，不需要别人允许而提交 Patch。项目管理委员会（PMC）可以同意和批准（批准了的称为最终决议），或者拒绝。请注意是由项目管理委员会作出项目相关的决议，而不是单个的提交者。

项目管理委员会成员（PMC Member）：项目管理委员会成员是被社区选举的开发者或提交者以贡献到项目的演进及示范相应的承诺。他们拥有代码库写权限、apache.org 邮箱、社区相关决定的投票权及提名活跃用户成为贡献者的权利。项目管理委员会作为一个整体控制整个项目。更具体的，项目管理委员会必须为任何一个他们项目的软件产品的正式的发布进行投票。

项目管理委员会主席（PMC Chair）：项目管理委员会主席是由董事会从项目管理委员会成员中任命的。项目管理委员会作为整体控制和领导整个项目。主席是项目和董事会之间的接口，主席有特定的责任。

Apache 软件基金会会员（ASF Member）：Apache 软件基金会会员是由现有会员提名并被选举的个人以贡献到基金会的演进和发展中。会员关心 ASF 本身。这通常通过顶级项目及跨项目相关的活动来体现。法律上，一个会员是一个基金会的"股东"，主人之一。他们拥

㊀　参考 ASF 官方文档：How it works，https://www.apache.org/foundation/how-it-works.html#roles。

有选举董事会，作为董事会选取的候选人及提议新成员的权利。他们同时也拥有建议新的项目成为孵化器项目的权利。会员通过邮件列表及年会来协调他们的活动。

11.3.4 孵化项目及顶级项目

每一个希望加入 Apache 软件基金会的项目，都需要先提交并获得投票通过才能成为孵化器项目（Apache Incubation Project），在一定的时间内满足社区的标准，并通过投票才能成为顶级项目。孵化的流程可用图 11-1 来描述。

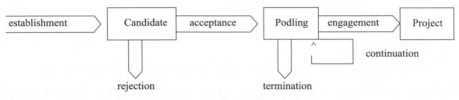

图 11-1 Apache 项目孵化流程

孵化流程大致分为以下几个阶段。

创立：一个候选的项目需要确定一个 Champion 的导师来帮助该项目，之后撰写相关的项目建议书，并提交到 Apache 孵化项目管理委员会（Incubator PMC，IPMC）。需要遵守社区的规范，并积极听取社区的意见和反馈。之后 IPMC 会进行相关的投票以决定是否接受该候选项目加入孵化器。

接受：是否接受一个项目是由投票来决定的，通常投票的形式依赖于具体的问题，如果你的项目中有项目管理委员会的成员将会带来很大的帮助，特别是能够更好地得到来自社区的真实发生的反馈。一般提交到孵化器的候选项目只要总数有三票以上的 + 1 投票（即同意票），即使有 –1 投票（即不同意，每一个 –1 需要一个 +1 来抵消，因此最后需要计算所有剩下的 + 1 票），便可获得成为孵化器项目的资格，但一般要建议相关项目负责人等需要就相关的 –1 采取进一步的解释或行动以符合社区的相关规范等。

一旦被投票通过则该候选项目即被接受成为孵化器项目，以特有的名词——Podling——来称呼，以区别于 Apache 顶级项目（Top Level Project）。每一个 Podling 都需要导师，包括初始的 Champion 等。

评审：随着项目的的发展和逐渐稳定（基础设施、社区、决策等），不可避免地将迎来孵化项目管理委员会的评估以决定项目如何从孵化器中退出，请注意这里的退出可以为好的结果也可以为不好的结果。积极的退出是毕业成为顶级项目，或者子项目；另外一方面，项目的终止也是退出的一种方式。

终止或退休：结束孵化有两种较为负面的终结方式，即终止或退休。如果你的项目接收到终止指令，则意味着你的项目存在很大的问题。例如法律问题，或者 IPMC 在项目上分歧很大而不能在合理的时间内解决。你可以向董事会或支持者上诉终止决定，但你必须意识到一些董事会成员也是 IPMC 成员，上诉一般是不太会成功。退休一般是来自项目管理委员会内部的决定，因多种理由而由该项目委员会或 IPMC 来决定关闭该项目。退休后不再由 Apache 软件基金会来开发和承担相关的责任。这并不意味着不可以使用相关的代码，只是不再拥有社区。

毕业：每一个 Podling 都期望能够毕业成为 Apache 顶级项目（Top Level Project，TLP）。这将由两次或多次投票来完成。先由该 Podling 的社区在合适的时候（一般可以征询导师的意见）发起毕业投票，需要满足特定的条件，包括活跃度、多样性、定期发布、公开决定，等等，此时有效的投票来自 PMC member 及导师。社区投票通过后再撰写相应的项目建议书至孵化项目管理委员会（IPMC）再进行投票，此时该 Podling 将被更加仔细和严格地被审阅，有效的投票来自 IPMC member、ASF member 等。需要特别指出的是，毕业投票必须是最终一致投票，意味着即使只有一票不同意该 Podling 也不能毕业，必须修复相关的问题，使得社区最终一致同意才能毕业成为顶级项目。

11.4　如何贡献到开源社区

11.4.1　什么是贡献

参与开源社区，贡献到开源社区，是很多工程师的梦想，如果自己的 Patch 能够被著名的项目所接受，那将是一件非常令人兴奋的事情。但很多国人开发者有一个误区，认为只有提交代码才算是贡献者。这里必须澄清的是，开源社区，特别是 Apache 社区，非常欢迎代码之外的贡献，包括文档、测试、报 Bug、修 Bug、宣传、文章、博客、线下活动等，都非常欢迎。提交代码只是诸多贡献中的一种。

11.4.2　如何贡献

以 Apache Kylin 为例，社区从最初的不到十个人壮大到今天几百人的规模，其中贡献者就非常多（贡献者不能按照 Github 上的"Contributor"计算，有很多贡献并不会体现在代码的提交中，在 Apache 社区的定义中，只要帮助到了项目的发展，从代码、文档、宣传到宣讲等都是贡献）。有的贡献者在最初只是问问题，报告各种环境下碰到的问题和 Bug 等，甚至帮忙修改了一些拼写错误等。由于开源项目所具有的特点，社区不可能完全设想到所有的应用场景、部署模式及使用方式，因此很多时候都需要每个使用者、爱好者尽量地将他们碰到的问题报告给社区，这样核心开发团队及整个社区才可以进一步来分析和找出解决方案，整个项目就能往前发展了。当然，如果能够提出自己的解法及 Patch，则会有更高的认知度。

如果对一些特定的场景、应用需求等提出了自己的功能需求并实现之，则会影响和贡献到整个项目的进一步发展。举例来说，在初期，Apache Kylin 仅支持将 HBase 和 Hadoop 部署在一个集群，但美团公司的技术人员在业务需求的驱动下，开发了一个读写分离的新功能特性，支持了写入不同集群 HBase 的能力，并最终贡献到了社区，成为目前 Kylin 非常重要的一个特性。而越来越多的贡献正在从不同的公司和团队中提出，这些可以从社区的邮件列表和 JIRA 中看到。

11.5　礼仪与文化

在鼓励读者参与和贡献到开源中的时候，也必须要说明一下，社区很多时候都是虚拟的，不是面对面的交流，更多的时候是邮件、JIRA 或 Github Issues 等方式的交流。这里，由于东西方文化的区别，有很多工程师吃了亏。因此特别需要大家注意以下几个方面。

尊重社区和贡献者。很多工程师在使用开源软件的时候，特别是碰到问题，在进行提问、报告 Bug 等的时候表现出一些非常不成熟的行为。例如经常碰到有人有了问题，在社区提问，经常急哄哄地希望即刻被解决，而很多时候因为解答不及时或没有响应的时候就采用各种刷屏等过激方式，甚至对社区进行指责。但是要知道开源项目作者将项目贡献出来，已经是最大的帮助了，整个开源社区的运营依靠的是每个人的志愿行为，类似的行为不但不会带来解答，很多时候只会带来负面效果，特别是在西方人为主的社区中。另一种行为是不做深入研究，甚至不会搜索，碰到非常基础的问题不管三七二十一就提问，这种问题很多时候简单地 Google 一下就可以找到解决方案，特别是在刚使用一个开源项目的时候。希望大家能够尊重社区和贡献者，这样整个社区也才会尊重每一个人，接纳更多来自中国的贡献者。

注意用词与语气。作为非英语母语的工程师，在西方社区中进行交流确实没有其他母语是英语国家的工程师便利。在社区中与人交流的时候一定要多注意一些这方面的差异。不管是提问、解答问题，还是讨论功能等的时候，多多组织一下语言，现在各种工具非常丰富，足以帮助大家无障碍地进行沟通。我们在和 ASF 基金会董事、其他顶级项目负责人交流的时候经常被反应来自中国的工程师不太注意这方面的问题，有些时候甚至还很粗鲁，例如使用命令的口气和方式等，这可能会导致难以与社区的其他成员建立信任。对于我们来说，英语是一个挑战，但更多的时候是一个机会，参与国际社区是学英语的最好机会！

Speak Loudly。另外一个有趣的现象是中国工程师贡献了很多，特别是补丁、代码甚至特性等，但却很少有中国工程师成为 Committer 和 PMC member。这在很大程度上制约了我们自身的发展，很难去影响项目的演进。一方面是由于使用英语带来了一些挑战，另外则是咱们国人比较含蓄，不太看重自己的贡献，或者将自己的贡献说出来，这方面也需要大家更多的努力。

11.6 如何参与 Apache Kylin

参与 Apache Kylin 社区，首先要做的是订阅相关的邮件列表。

❑ 开发者邮件列表：dev@kylin.apache.org

❑ 使用者邮件列表：user@kylin.apache.org

使用你常用的邮件地址，发送一封邮件（内容为空即可）到 dev-subscribe@kylin.apache.org 或 user-subscribe@kylin.apache.org。之后你会收到一封询问邮件，单击回复该邮件即可确认你的订阅。之后你会收到一封确认邮件，后续相关邮件列表里的讨论就会被接收下来。由于社区讨论非常频繁，建议设立相关的邮件规则来过滤和归档。

在使用 Apache Kylin 过程中碰到任何问题，都可以向相关的邮件列表发送邮件，特别提醒一下，提供更多的信息、日志等内容，将有助于志愿者及时地分析和解答相关的问题。也可以在 Apache Kylin 的 JIRA 系统中提交相关的 Bug 等信息。

最后，如果对 Apache Kylin 的开发感兴趣，可以下载源代码来进行进一步的研究，特别是在实际生产环境中碰到的一些问题的解决方案和想法等都可以提交到社区，贡献更多的场景以丰富和完善整个 Apache Kylin 项目和社区。

11.7 小结

本章介绍了 Apache Kylin 的开源历程和 Apache 基金会的组织架构和工作方式。希望通过这些内容让更多国人了解到开源的文化和魅力，激励更多人投入到开源软件的事业中来。

Chapter 12 | 第 12 章

Apache Kylin 的未来

大数据上的多维分析是非常活跃的领域。作为目前处于领先地位的开源项目，Apache Kylin 在未来有着广阔的发展空间和无限的可能。

12.1 大规模流式构建

实时或近实时的数据分析是一类刚性需求。现有的 Kylin 流式 Cube 构建在很大程度上满足了这类需求，但也存在着如下的一些缺陷。

❑ 架构上存在单点故障缺陷。流式计算在一个单一节点上完成。一旦出现，故障就需要人工干预，无法自动修复。

❑ 配置较为复杂，负责流式构建的计算节点需要人工配制，使用不便。

❑ 吞吐数据量限制。受到单一节点限制，单位时间内能处理的数据有理论限制。

❑ 可能丢失迟到的数据。因为当前流式构建是按时间切分数据的，当数据源不能保证记录按时间严格排序的时候，迟到的数据将无法被 Cube 捕捉。

基于上面的原因，社区正在积极研发第二代流式构建技术。新的设计将利用 Hadoop/Spark 集群来扩展计算能力，解决单点失效隐患，可以横向扩展提升吞吐量，支持大规模流式处理。同时使用数据源偏移量（Offset）来记录数据的位置，确保不遗漏任何记录。

更进一步，可以在 Cube 的基础上再添加实时节点，将最后几分钟的数据缓存在内存中。将实时节点联合 Cube 的内容就能构成实时查询的 Lambda 架构，通过一个 SQL 接口同时查询历史和实时数据，真正做到秒级别延迟的实时大数据分析。

12.2　拥抱 Spark 技术栈

Spark 是继 MapReduce 之后的新一代分布式计算架构。尽管目前的成熟度和普及度还不如 MapReduce，但因为其出色的性能和友好的开发接口广受各界欢迎。有人甚至将 Spark 誉为 MapReduce 终结者，称其最终将取代 MapReduce。

Apache Kylin 的可扩展架构可以很好地适应不同的计算技术。核心开发团队曾尝试基于 Spark 开发一款新的 Kylin 构建引擎。尽管初步实验结果并没有取得非常明显的速度提升，但随着 Spark 技术群的持续升温，对 Spark 新引擎的呼声将会越来越高。新的构建引擎可以和老引擎并存，所以并不存在二选一的问题。用户可以很安全地在同一个 Kylin 环境里同时启用两个引擎，选择一些项目试用新引擎，满意之后再慢慢切换。

支持 SparkSQL 作为 Hive 之外的另一种数据源是另一种角度的 Spark 集成。随着越来越多的数据格式被连接到 Spark 平台上，SparkSQL 大有取代 Hive 成为新一代大数据仓库的态势。让 Kylin 从 SparkSQL 获取数据构建 Cube 的需求也就呼之欲出。目前社区已经将 SparkSQL 数据接入作为中期目标，提上开发日程。

12.3　更快的存储和查询

更快的查询和更高效的存储是永恒的主题。Kylin 作为高速 OLAP 引擎，速度永远是最重要的技术指标。

当前的存储引擎 HBase 有着比较明显的速度短板（因为其要同时兼顾读写和弱类型），其他更快的存储技术，比如 Kudu 或 Parquet，甚至有人建议 Cassandra 或 ElasticSearch，只读性能都成倍高于 HBase。因此在 HBase 之外支持其他更快速的存储引擎也是一个重要的发展方向。回报可能是查询速度成倍的提升。

12.4　前端展现及与 BI 工具的整合

有了高速 OLAP 引擎之后，用户很自然就会希望有相应的前端可视化。目前这里是 Kylin 的空白。通过 JDBC/ODBC 接口，Kylin 可以和不少开源 OLAP 前端集成，比如 Saiku、Caravel 和 Zeppelin，但使用起来需要额外的安装和配置，不是最为便捷的方式。

为多个流行的开源展现及 BI 工具提供原生的连接器，无缝地接入现有系统已成为用户的迫切需求，通过不断提高各个工具的整合能力，Apache Kylin 将会为分析师提供更为友好的用户体验。

12.5 高级 OLAP 函数

Apache Kylin 支持标准 SQL，但对于高级 OLAP 函数还缺乏完整的支持，特别是在一些不太常用的函数如财物分析类函数等领域尚未完全实现。在 Kylin 被越来越多地试用到更多应用场景中的时候，这些函数将成为需要支持的重要特性。在社区中，我们提供了按需开发的能力，在有相关需求的时候会进一步增强这方面的开发。

另外，SQL 2003 等更新的标准中，对 OLAP 函数等也做了相应的规范，为了能够更好地支持丰富的分析需求，这类函数也将被逐步实现。

12.6 展望

今天，Apache Kylin 提供的 OLAP on Hadoop 技术已经可以解决超大规模数据集上的亚秒级交互查询分析需求，在未来，用户将不仅仅希望能在 Kylin 上进行查询，包括对数据的增加、删除、修改等也希望能通过同一个平台来实现，即完整的数据仓库能力。对于社区不断发展的未来，我们相信 Kylin 完全会朝着完整的数据仓库解决方案的方向发展。

Storm实时数据处理

作者: Quinton Anderson ISBN: 978-7-111-46663-5 定价: 49.00元

Splunk大数据分析

作者: Peter Zadrozny 等 ISBN: 978-7-111-46429-7 定价: 69.00元

Spark快速数据处理

作者: Holden Karau ISBN: 978-7-111-46311-5 定价: 29.00元

Hadoop应用开发技术详解

作者: 刘刚 ISBN: 978-7-111-45244-7 定价: 79.00元

推荐阅读

数据挖掘：概念与技术（原书第3版）

作者：Jiawei Han 等 ISBN：978-7-111-39140-1 定价：79.00元

数据挖掘：实用机器学习工具与技术（原书第3版）

作者：Ian H. Witten 等 ISBN：978-7-111-45381-9 定价：79.00元

大数据管理：数据集成的技术、方法与最佳实践

作者：April Reeve ISBN：978-7-111-45905-7 定价：59.00元

大规模分布式系统架构与设计实战

作者：彭渊 ISBN：978-7-111-45503-5 定价：59.00元